中国共产党北京市大兴区委员会宣传部◎主编

新国门

文化大兴之
生态文化

DAXING

中国纺织出版社有限公司

内 容 提 要

本书共分八章，分别为：生态文明历史与时代的维度，大兴生态文化的历史变迁，绿色屏障架起生态绵廊，因水而兴、以水而润，乡村振兴：从传统到生态的进程，首都发展战略下的生态治理，“疏整促”打造生态新国门格局，新国门的生态文明瞭望。内容基本涵盖了大兴区生态文化的历史面貌，体现了大兴撤县改区后，高度重视生态文化建设，扎实贯彻落实党的十九大报告提出的“建设生态文明是中华民族永续发展的千年大计”，积极响应生态文明发展诉求，构建京津冀协同发展的生态环境保护和社会发展示范区。

图书在版编目（CIP）数据

新国门·文化大兴之生态文化 / 中国共产党北京市大兴区委员会宣传部主编. --北京：中国纺织出版社有限公司，2021.11

ISBN 978-7-5180-9079-2

Ⅰ.①新… Ⅱ.①中… Ⅲ.①生态环境建设－研究－大兴区 Ⅳ.①X321.213

中国版本图书馆CIP数据核字（2021）第223726号

策划编辑：李满意　　责任编辑：李满意
责任校对：王蕙莹　　责任印制：王艳丽

中国纺织出版社有限公司出版发行
地址：北京市朝阳区百子湾东里A407号楼　邮政编码：100124
销售电话：010－67004422　传真：010－87155801
http: //www.c-textilep.com
中国纺织出版社天猫旗舰店
官方微博 http: //weibo.com/2119887771
北京华联印刷有限公司印刷　各地新华书店经销
2021年11月第1版第1次印刷
开本：710×1000　1/16　印张：15.625
字数：202千字　定价：98.00元

本书编委会

主　　编：卫东海

执行主编：王海晋

编　　委：阮海云　张德玉　张冉阳

高　雪　冯子潭　任文慧

中国纺织出版社
有限公司官方微博

中国纺织出版社
有限公司官方微信

总序

党的十九大报告指出，文化兴国运兴，文化强民族强。文化是一个国家软实力的主要内容，也是一个城市、一个地方展示形象和影响力的重要标志。文化是血脉和遗传基因，是传承延绵的精神血脉和形成精神归宿感、认同感的纽带。

大兴区位于永定河东岸，北京的南部，是首都的南大门。大兴前身为古蓟县，自秦置县，金贞元二年（1153）定名大兴，史称“天下首邑”。大兴历史悠久，人文底蕴厚重：燕上都筑幽州台礼贤下士，秦汉隋唐扼守通衢要冲，“五朝”皇家猎场，明清皇家苑囿，上林苑聚合凤河明清移民，永定河水滋养农耕文明……沧桑岁月，时代变迁，如今的大兴更是“顺势而为、应势而动、乘势而上”，打造品牌，培育文明，勃发生机，成为首都古都、红色、京味、创新文化的重要组成部分。

大兴，以襟纳四海的气度，凭后发优势的潜力，紧紧围绕新国门建设，脚踏实地，真抓实干，跨上了高质量规划引领、高质量跨越发展的快车道。国家发展新动力源加速释放，经济发展速增质优，城乡发展迭代更新，环境质量显著改善，民生保障持续加强，改革创新破除壁垒。作为京津冀协同发展的中部核心区，坐拥新机场，毗邻副中心，辐射京津冀，联通“大雄安”。随着大兴国际机场的建成投运，实质性启动临空经济区、自由贸易试验区、综合保税区建设，一个全国唯一享受双自贸和服务业扩大开放的新大兴正在加速发展中。

文化是一个地区的发展之魂，经济社会发展的软实力之基。通过文化营造引领，形成大兴特色的理论氛围、舆论氛围、文化氛围和社会氛围。打造地域文化名片，塑造了大兴“永定河怀抱的骄子”的整体文化形象、主体文化形象、特色文化形象和标志文化形象。

“十四五”蓝图徐徐开启，大兴区牢记习近平总书记“要把大兴建设好”的嘱托，围绕优传统文化特色中心、中华民族优秀文化展示中心、国际文化交流交往中心和文化创意产业中心建设，通过文化资源、公共文化服务，不断丰富公共文化服务新模式，以人民美好生活为导向引领文化建设，推动优秀传统文化创新，增强和彰显中华文化自信，不断提高地区文化软实力和新国门文化影响力与传播力。不断提高“新国门·新大兴”文化的内聚力、吸附力和影响力。

源浚者流长，根深者叶茂。细致梳理大兴的文化资源，总结归纳大兴的文化特征，是摆在我们面前的一项重要任务。为此，大兴区委宣传部组织编写了《新国门·文化大兴》系列丛书。丛书旨在理清大兴文化发展脉络，挖掘深厚的文化底蕴，提升文化软实力，为大兴的发展凝聚强大的精神力量，丛书编委会组织了区文化和旅游局、区融媒体中心、区委党校、区科委、区文联的专家学者组成写作团队，历时三年，本着严谨客观的治学态度，做到客观求实，尊重历史、资料准确，多视角、全方位地展现了大兴区优秀传统文化、红色文化、生态文化、创新文化、馆藏文化，并以视觉表现方式，推出《新国门·文化大兴》画册，努力呈现新国门视域下的新大兴，使之形成一套综合性、历史性、权威性、时代性的文化读物。

大兴是一片美丽神奇的土地，拥有“林中有飞鸟、水中有游鱼、四季有美景”的独特生态景观和深厚的文化积淀。现在，乘着改革创新的强劲东风，大兴区越来越热情地展现出她那动人的形象和诱人的魅力。该书的出版是深入研究大兴文化资源的历史和现实价值的重要举措，对于推进大兴文化的大发展、大繁荣必将起到积极的推动作用。

紧抓“两区”建设重大机遇，聚焦现代化平原新城、首都发展新的增长极、繁荣开放美丽新国门建设，大兴区未来发展的宏伟蓝图正一步步变为现实，愿《新国门·文化大兴》丛书带您走进新大兴，愿新大兴进一步走向世界！

中共大兴区委宣传部

2021 年 8 月

前言

生态文化是传承中华民族优秀传统文化与生态智慧，融合现代文明成果与时代精神，促进人与自然和谐共存的文化载体。生态文化的积淀在5000年中华文明史上占有举足轻重的地位，为我们当前建设生态文明提供了诸多有益借鉴。

党的十九大报告指出："建设生态文明是中华民族永续发展的千年大计。"当前，如何积极响应生态文明发展诉求，构建生态环境保护和社会发展之间的和谐关系，关乎中国社会发展，关乎社会主义现代化建设。

大兴地处京城南部、永定河中下游，农耕文明与游牧文明在此交汇。追溯历史，在曾经的无定河洪水年复一年的冲刷之下，"道法自然""天人合一""泛爱万物"等传统生态理念有其更加深刻的自然与社会根基。在农业文明向现代工业文明过渡时期，社会快速发展造成对自然资源的过度开发利用，河道干涸，土地贫瘠，污染加重……这些都是大兴生态文化不可回避的历史问题。历史的处境也成就了文化的自觉。人类中心主义价值取向终究要让渡给人与自然和谐发展的价值取向。我们要建设的现代化是人与自然和谐共生的现代化，既要创造更多物质财富和精神财富以满足人民日益增长的美好生活需要，也要提供更多优质生态产品以满足人民日益增长的优美生态环境需要。习近平总书记2016年在大兴西红门参加首都义务植树活动时指出：发展林业是全面建成小康社会的重要内容，是生态文明建设的重要举措。要多种树、种好树、管好树，让大地山川绿起来，让人民群众生活环境美起来。（详见2016年4月5日新华社报道）2020年习近平总书记再次来到大兴参加义务植树活动，他强调：要牢固树立绿水青山就是金山银山的理念，努力打造青山常在、绿水长流、空气常新的美丽中国。[详见中共中央党校（国家行政学院）官网，2020年4月3日]

2017年9月，《北京城市总体规划（2016年—2035年）》正式发布，把生态环境保护放在优先位置，水清岸绿、碧水蓝天、和谐宜居已成为首都在未来发展中一个重要的努力方向和必须实现的目标。

进入新的发展时期，大兴区在生态农业、生态林业、生态旅游、生态工业与清洁生产、环境保护、大兴新城建设和资源保护与利用等方面实施重点建设，生态文明在这里焕发生机，生态文化枝繁叶茂、落地开花。作为首都南部重要的生态屏障，大兴区生态建设承载着通往新机场的主要通道、西山永定河文化带的重要节点以及成为全国生态示范区的多重责任，有责任、有义务将生态文明建设进行到底。随着大兴机场通航，全新的生态理念和生态文化架构在大兴孕育而出。生态自信是文化自信的底层构架，"穿过森林去机场"为新国门赋予了充分的生态自信，一场风生水起的生态革命正席卷京南大地。在这个过程中，对现有生态文化的研究与摸底尤为重要，这是大兴社会经济发展过程中一个不可回避的问题，对建设美丽大兴、增进人民福祉具有前瞻性的重大意义。

曾经的大兴平原广袤、林野四合、水域互通，有绮丽的自然景观，五朝苑囿之春水秋风。正是这里独特的自然景观催生了厚重的历史人文景观。大兴生态文化的历史链条上，一代代帝王将相粉墨登场，一辈辈农人日出而作，日暮而息。如今的京南绿肺，两横三纵绿色廊道、疏解整治"腾退"出的城市森林、遍布村口的微型公园，生态环境的彻底转变，定将大兴打造成华北平原上的一颗生态明珠。大兴生态文化表现出了强烈的地域特征、人本特征和时序特征，以及绿色、多元、和谐、共生的多层次文化肌理。随着课题的发端，让我们一同走进因生态而美丽的大兴。

第一章 | 生态文明历史与时代的维度

第一节 由美丽中国而美丽大兴 / 003
第二节 中国传统文化里生态文明的论述 / 005
第三节 大兴区生态文明建设的历程 / 011

第二章 | 大兴生态文化的历史变迁

第一节 “天下首邑”的历史脉络 / 024
第二节 永定河：大兴生态绕不过的命题 / 027
第三节 大兴生态失衡的沧桑记录 / 030
第四节 冲积平原的滋养哺育 / 040
第五节 生态修复的时代进程 / 044
第六节 新生态，大兴的“色号”——绿 / 053

第三章 | 绿色屏障架起生态绵廊

第一节 从风沙肆虐走向绿海田园 / 058
第二节 打造绿色宜居、低碳和谐的生态环境 / 065

第三节　推窗见绿　开门见景 / 072

第四节　建立低碳循环的独特机制 / 084

第五节　从南城最大的“绿肺”看大兴 / 089

第六节　金凤来仪，天地彩画 / 094

第四章　因水而兴、以水而润

第一节　大兴治水 / 104

第二节　大兴和水的故事，才刚刚开始 / 117

第三节　水环境治理奏出综治“圆舞曲” / 130

第四节　生态综治驶入快车道 / 134

第五章　乡村振兴：从传统到生态的进程

第一节　大兴农业的螺旋式历程 / 140

第二节　生态环境助推生态农业新飞跃 / 147

第三节　推动生态农业发展的四大着力点 / 152

第四节　乡村振兴的战略之策 / 154

第五节　从新农村到美丽乡村的转型之路 / 161

第六节　首都近郊的大兴“美丽乡村”　/ 165

第六章　首都发展战略下的生态治理

第一节　“城乡接合部改造”的决策实施　/ 174
第二节　农村集体经营性土地的生态效应探索　/ 180
第三节　打响污染防治攻坚战　/ 184
第四节　实施城市品质精细化治理　/ 193
第五节　“腾笼换鸟”走出环境治理新路　/ 197

第七章　“疏整促”打造生态新国门格局

第一节　举全区之力打响疏解整治攻坚战　/ 203
第二节　大兴中心城区黄村镇的“疏解”步骤　/ 208
第三节　西红门、旧宫、黄村镇三个样点的“提升”之策　/ 210
第四节　村庄安全治理专项行动　/ 215
第五节　新国门“疏整促”生态治理评估　/ 216

第八章　新国门的生态文明瞭望

第一节　布局京津冀协同发展的一盘大棋　/ 220

第二节　新机场辐射下的“绿色港湾”　/ 223

第三节　定位与方向　/ 225

第四节　北京向南，是翱翔的空间　/ 226

后　记　/ 237

第一章　生态文明历史与时代的维度

生态文明既抽象又具体：抽象是因为它的外延广泛，既包含文化生态、生态文化，也包含人文生态、自然生态、生态环境，内涵交织重叠；说它具体，是因为生态文明与我们生活、工作、学习息息相关，感受真切，伴随在我们的日常行为之中。生态文化是研究生态文明的切入点。

研究生态文化，我们的视角必须回到生态文化的文化原初上来。

从生态学的角度看，人的生存环境由三个方面组成，即自然环境、社会环境和规范环境；文化生态环境主要由社会环境和规范环境构成。文化生态是由构成文化系统的内、外在要素及其相互作用所形成的生态关系。

文化生态是一个比自然生态更为复杂的系统。它既包括人的思想道德素质，也包括人的科学文化素质。既有几千年历史文化积淀形成的传统，又面临外来文化的冲击，面临文化创新的重要课题。文化生态建设既有文化产品硬件生产的任务，更有塑造美好心灵的软环境建设的任务。

人区别于其他生物，是因为人不但具有自然属性，同时还具有社会属性；人不但是自然人，同时也是社会人；居住空间，不仅是一个自然空间，同时也是一个人文空间，带有鲜明的历史传承性和鲜明的民族特性。因此，作为生态环境除了生物、非生物、地理和人为因素外，还包括文化因素。涵盖生活方式、历史传统、风俗习惯、民间工艺等方面，还包括富于表征的内容的聚落形式和建筑风格等。

文化同样具有二重性，社会发展离不开良好的自然生态，人类和自然的和谐发展，同样也离不开良好的文化生态。文化生态所蕴含的丰富的历史意义、文化意义和社会意义，对于人性的形成、人的素质、品格的培养和精神的造就，具有重要的影响和作用。破坏自己生活的文化生态，就会割断生活的历史文化传统，其后果可能不像破坏自然生态那样直接，但却会深远地影响到自身的发展。

从文化生态的追溯自然又回到"美丽中国"的正题。

中国共产党第十八次全国代表大会提出"美丽中国"的概念，把生态文明建设放在突出地位，融入经济建设、政治建设、文化建设、社会建设各方面和全过程。建设美丽中国，就要打造人与自然和谐相处的生态文化，既要“金山、银山、幸福山”，又要“山美、水美、人更美”。

党的十九大报告对生态文明建设进行了多方面的深刻论述。在党的十九大报告中，一是将建设生态文明提升为“千年大计”——“建设生态文明是中华民族永续发展的千年大计”；二是将“美丽”纳入国家现代化目标之中；三是将提供更多“优质生态产品”纳入民生范畴；四是提出要牢固树立“社会主义生态文明观”——“像对待生命一样对待生态环境”；五是构建多种体系——“统筹‘山水林田湖草’系统治理”；六是明确“控制线”和制度规范，强力推进生态文明建设；七是采取各种“行动”，切实推进生态文明建设；八是设立“国有自然资源资产管理和自然生态监管机构”，实现“三个统一行使”，为生态文明建设提供坚实的组织保障。

第一节 由美丽中国而美丽大兴

“多种树、种好树、管好树，让大地山川绿起来，让人民群众生活环境美起来。”“牢固树立绿水青山就是金山银山理念，打造青山常在、绿水长流、空气常新的美丽中国。”2016年、2020年，习近平总书记先后两次来到北京市大兴区参加首都义务植树活动，身体力行在全社会宣传“绿水青山就是金山银山”的发展理念。

大兴地区最早的初始文化理念以及形式丰富的自然环境，孕育出了极具华北地区特色的平原文化，表现在永定河神祠、龙王庙、大槐树、图腾、崇拜观念形成等方面。

良好的生态环境是民生福祉。环境就是民生，青山就是美丽，蓝天也是幸福。生态惠民、生态利民、生态为民。

党的十九大报告把“坚持人与自然和谐共生”作为新时代坚持和发展中国特色社会主义基本方略的重要内容，同时提出生态文明建设是中华民族永续发展的千年大计，还自然以宁静、和谐、美丽。

建设美丽中国要树立社会主义生态文明观。观念引导行动，有什么样的观念就会有什么样的行动。社会主义生态文明观是生态文化发展的高级阶段。

2019 年 4 月 23 日，大兴区委生态文明建设委员会成立，进一步加强区委对生态文明建设的领导，强化顶层设计和统筹协调，全面提高大兴生态文明建设水平。建设“美丽大兴”，是实现大兴生态文明建设发展的必然选择，生态理念触角遍及宜居之都，必将推动大兴走向社会主义生态文明新时代。

一是绿色、开放、和谐、共生，可以概括为大兴生态文化的核心层、中层、浅层、表层，也是大兴贯彻执行习近平新时代中国特色社会主义思想中生态文化理念的总结。在大兴区社会发展的方方面面，每一条街巷，每一个行业，国际城市和美丽乡村的每一个角落，践行生态文明的发展理念都成为一种惯性的自觉意识。

二是绿色，从“绿海甜园”的农耕文化到“穿过森林去机场”的绿色发展理念，是人与自然和谐相处、永续发展的价值观，是“以人为中心”的自然观实现根本转变的产物。大兴区取得瞩目成就的生态文明建设。绿色，是大兴生态文化的核心层。

三是开放，是指大兴区在国家改革开放政策的洪流之中保持自然生态、保障社会经济进步所必需的制度措施。多年来，大兴区在生态农业、生态林业、生态旅游、生态工业与清洁生产、环境保护、大兴新城建设和资源保护与利用等方面实施重点建设，出台了多项扶持保护生态环境的制度措施，生态文明在这里焕发生机，生态文化枝繁叶茂、落地开花。开放，是大兴生态文化的中层。

四是和谐，是指大兴区生态文化中人与自然的亲近和相互依赖，是人与自然和谐发展的总体氛围。今天的大兴有着太多充满“绿色”人文关怀的故事。街边的口袋公园、村口的小微绿地、南中轴路两侧的城市森林……很多的“绿”都是从盲目无序发展的城市阵痛中舒缓而来的。和谐，是大兴生态文化的浅层。

五是共生，依托绿色发展理念，借助改革开放政策，大兴区在生态文化建设过程中形成了各种物质实体，大兴区的绿色有机农业、绿色食品品牌、绿色科技产业、生态建材等相互促进、相得益彰、繁荣共生。共生，是大兴生态文化的表层。

丰厚的生态文化积淀是中华民族的珍贵遗产，充分发挥其促进社会主义生态文明建设的积极作用，将助推绿色大兴更好地发展！

第二节 中国传统文化里生态文明的论述

一、生态文化——人与自然的和谐生态观

人类生态文明里程碑意义的生态观——“生命共同体”。

生态文化在不同的时光坐标中，都有着一以贯之、血脉相承的渊源与传承。大兴地区历史悠久，其前身为古蓟县，自秦有之，陈子昂“念天地之悠悠，独怆然而涕下”的幽州台指的便是此地。域内流域广布，平原广袤、林野四合、水域互通，深厚的土地文化演绎出了流域文明，衍生出了华北地区极具代表性的生态与农耕文化。大兴犹如一棵枝繁叶茂的生态之树，在文明之根中舒展开放，其独有的生态历史文化和沉淀千年的生态理念，在新时期被唤醒，并与新时代的发展交织成花。而今，这片土地更成

为京津冀大地的发展焦点：广袤的天空、全球化的沟通，使之成为享誉世界的新国门。

二、文明史视野下的生态引擎

生态文化伴随人类可持续发展观的产生而成熟和完善。

2018年5月18日，习近平总书记在全国生态环境保护大会上指出，“中华民族向来尊重自然、热爱自然，绵延5000多年的中华文明孕育着丰富的生态文化。”

中国传统文化蕴含丰富的生态文明。古人的论述包含着许多朴素的生态文明思想，贯穿于政治、文化、哲学、制度等多个领域和层次，体现了古代先民和哲人的生态智慧。

《易经》中记载：“观乎天文，以察时变；观乎人文，以化成天下。”意即通过观察天地间的各种现象征候，来感知时节的变化；通过观察人世间的各种现象征候，将教化推广于天下。《易经》中还说：“财成天地之道，辅相天地之宜。”这里的“财”通“裁”，含有治理的意思。对国家的治理者来说，一定要使天与地相通，使人与天地和谐共处。“夫大人者，与天地合其德，与日月合其明，与四时合其序，与鬼神合其凶，先天而天弗违，后天而奉天时。”人对自然的实践活动要顺时而为、顺势而为，更要顺其自然，遵从自然规律。

先秦时期的老子在其经典著作《道德经》中说：“人法地，地法天，天法道，道法自然。”人受地的制约，地又受天的制约，而天又受道的制约，道则是天地万物的规律所在。天、地、人，三者共同受着同一客观规律的支配。这是中华民族对人与自然界的朴素认识。

儒学大家孟子说：“不违农时，谷不可胜食也；数罟不入洿池，鱼鳖不可胜食也；斧斤以时入山林，材木不可胜用也。”人不能竭泽而渔，不能只顾索取享用而不管养护生息。

南北朝时期的杰出农学家贾思勰在《齐民要术》中有“顺天时，量地利，则用力少而成功多”的记述。

在以上的著述中，我们可以看到，关于天地人相统一，社会文明与自然生态相适应、相和谐，人类经济社会生活对天地自然的索取要有节制等思想，早已在中华文献典籍中发扬光大、绵延不绝。

三、“天人合一”：人与自然的和谐共生

如今我们正在奔向现代化的高起点上建设新的生态文明。研究挖掘古人在保护生态方面的思想资源，为的是给时代进步填充更加丰富的思想营养。我们的祖先在生态保护方面做出的巨大贡献是我们建设当代生态文化的宝贵资源。

天人合一的思想是中国古代先辈对人与自然关系的基本认识，是中国古代哲学思想的一个重要命题，是中国传统价值观念的重要组成部分。这一思想命题虽然在先秦诸子中已有意思相近的表达，但是由北宋张载第一次明确、系统提出的。张载在其名篇《正蒙乾称》里说：“因明致诚，因诚致明，故天人合一。”它表达了中国先辈“万物同源”“和谐共处”的思想观念，同时亦揭示了中国文化包容宇宙、开拓进取的风貌特色与基本精神。

天人合一思想是中华民族5000年来传统文化理念的优秀思想精髓，也是中国传统文化中关于人与自然和谐共生思想的精髓。季羡林先生解释：天，就是大自然；人，就是人类；合，就是互相理解，结成友谊。庄子在《齐物论》中讲，“天人合一”就是人与大自然要合一，要和平共处，不要讲征服与被征服。“天地与我并生，而万物与我为一”，指明了人与自然应是和谐共处的关系，强调人与自然共生共处，密不可分；《庄子·秋水》中讲道：“以道观之，物无贵贱；以物观之，自贵而相贱；以俗观之，贵贱不在己”“万物一齐，孰短孰长”？明确提出了“万物平等、共生共存”的思想。人与自然本是同根生，人与自然是一体的，相互平等，属于一荣俱荣、一损俱损的关联状态。人在实践活动中应该充分尊重大自然万事万物的生存权利，实现人与自然的和谐共生。因此，中国传统思想文化

与思想理念的精髓和主旨就是要探索和获取天与人的亲和性，就是要力求达到人与天地万物互相尊重、和谐相处、共同发展。

“天人合一”让我们辩证地看待人与自然的关系。《易经》中提出“财成天地之道，辅相天地之宜”（《泰·象传》）；“范围天地之化而不过，曲成万物而不遗”（《系辞·上传》）。在权威的解释中，前一句清代李光地解释为：“凡天地所有而人用之者，谓之财成；天地所不有而人兴作者，谓之辅相。”明白了“财成”与“辅相”两个概念，这句话的意思便一目了然。对自然界的生产生活资料，不管是直接拿来还是再加工制造，都必须尊重自然规律。后一句南怀瑾先生的解释为：适当干预大自然变化，而不能有过失；小心委曲地成全万物，而不能有遗漏。《易经》中的这两句话，可以看作中华传统文化在处理人与自然关系方面的总纲。后来又有不少哲人如管仲，老子，老子的弟子文子，孟子，宋代张载等从各个角度发表了很多具体的见解。

2013 年 9 月，《求是》理论网刘润为先生撰文指出，我们的祖先不仅有丰富的生态哲学思想和生态伦理思想，而且能在一定程度上落实到制度、风俗、行动的层面。据《逸周书·大聚解》中记载，早在大禹时期，就有春三月不得伐木、夏三月不得撒网打鱼的禁令。《礼记·王制》中明确规定：“草木零落，然后入山林。”《秦律·田律》中规定：不到夏日，不得烧草为肥，不得采摘正在发芽的植物，不准捕捉幼兽、掏取鸟卵等。中唐诗人韦应物在苏州刺史任上，写过一首题为《郡斋雨中与诸文士燕集》的五言诗。其中有这样一个对句：“鲜肥属时禁，蔬果幸见尝。”一位地方的最高长官在夏天请客，竟不上鱼肉，而只是吃些蔬菜、瓜果之类，可见当时禁令之严，当然也可看出这位刺史大人的自律。至于民间，保护生态的风俗更是举不胜举。比如佛门的放生，就是保护动物的一种特殊形式。春秋时期，孔子不用排网大量捕鱼、不射归巢之鸟的事迹，也被他的弟子们郑重记录在案。这可能是因为在时人看来，孔子大抵也算得上一个保护生态的模范。

古人保护生态的理念和作为，还反映到文学领域，形成了绿色文学的独特景观。“众鸟高飞尽，孤云独去闲。相看两不厌，只有敬亭山。”像李白这类赞美自然、融入自然、心通自然的诗文歌赋，在中国古代可以说是汗牛充栋、不可胜数。除了这类正面宣传的作品外，还有不少鞭挞破坏生态的丑恶现象的作品。如晚唐诗人韦庄在《天井关》一诗中写道：“太行山上云深处，谁向云中筑女墙。……劚开岚翠为高垒，截断云霞作巨防……”这里揭露的是朝廷为修筑没有多大用处的关城而破坏自然美的愚蠢行为。

传统的天人合一思想，要人们不逆天而行，不违反自然规律，应该顺应自然，聆听大自然的呼声，努力去与大自然进行沟通。《吕氏春秋》中曾有“四时之禁”的记载，《旧唐书》中也有对山林绿化进行监管的记载。“天人合一”的理念时至今日依然闪烁着璀璨夺目的光辉：

“道法自然”——人类必须遵循自然规律；

“仁民爱物”——对人亲善，对生物爱护，倡导人人尊爱自然万物的理念；

“礼奢宁俭”——崇尚节俭、永续利用的生态消费理念；

“遵循规律，以时禁发”——注重生态保护管理理念。

中华民族讲究“己所不欲，勿施于人”，我们只能走把生态文明建设与文明的分配建设结合起来的路子，两手都要抓，两手都要硬，实现人与人、人与自然的和谐相处。天人合一的思想，对解决当今世界由于生产生活活动造成的环境污染、生态破坏等问题，具有重要的启示意义，更具有未雨绸缪的重大现实意义。

四、生态文明“实践——认识——实践”的历史逻辑

人文理念是根植于民族骨髓和血脉中的，而在时光中，人文理念尤其是生态文明思想，是靠着“落地”的历史慢慢成长起来的，我们把这种“落地”称为思想的实践。

（一）由“思”到“管”，专门机构管专门事

秦汉时期，虞衡转称少府，但其职责仍为管理山林川泽，具体分管的有林官、湖官、陂官、苑官、畤官等。

隋唐时期，虞衡职责有了进一步的扩展，管理事务范围不断扩大。《旧

卢沟桥全景图

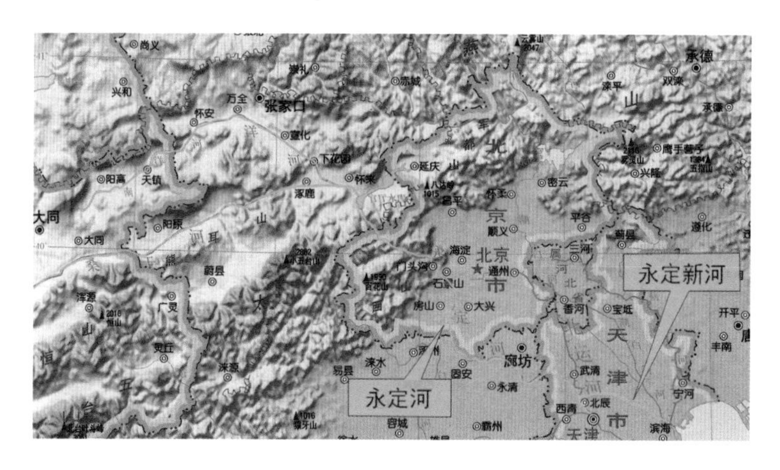

永定河北京、天津段流域图

唐书》中记载，虞部“掌京城街巷种植、山泽苑圃、草木薪炭供顿、田猎之事”。

宋元以后，除元朝设有专门的虞衡司外，其他各朝都由工部负责资源与环境保护方面的工作。

虞衡制度及其机构延续至清代，在历史上持续了 3000 多年，乃世界罕见，可以说这一制度是中国对世界自然资源管理做出的制度性贡献。

（二）由“理”到“法”，自然资源的法令

有思想，有理念，有机构，古人自然认识到，还需要生态文化的专门管理办法和法律法规。

周文王时期曾颁布《伐崇令》，被誉为“世界最早的环境保护法令”。秦朝的《田律》可以说是迄今为止发现的保存最为完整的古代环境保护法律文献。

在生产管理上，管仲在《管子·小匡》中提出：“山泽各以其时而至，则民不苟。”

关于人与自然关系的处理上，古人不仅认识到了人与自然要和谐相处，而且把关于自然生态的观念上升为国家管理制度。

在司马迁《史记·殷本纪第三》中有古代君侯保护鸟类的最早记载；西周王朝颁布的《伐崇令》，是中国古代较早的保护水源、动物和森林的法令；《国语·周语下》中有专门的故事讲述古人对环境保护的重视；《管子·八观》中保护山林泽川的禁令是非常严厉的；《韩非子》中记载，商代“殷之法，弃灰于公道者断其手”；《秦律·田律》《吕氏春秋·上农》中关于保护山林、水道、植物、鸟兽和鱼类的法律规定，在世界上都属于较早的。此后，我国各朝各代的法律也都有类似关于环境保护的规定，有的一直相沿至今。

通过这些制度、法令的制定和执行，我国还建立了世界上最早的“自然保护区”。

第三节 大兴区生态文明建设的历程

生态文明作为新的社会文明形态，它以尊重和维护生态环境为落脚点，以可持续发展和未来人的生存发展为着眼点。这种文明观强调人的自觉与自律，强调人与自然环境的相互依存、相互促进、共处共融。生态文明，突出生态的重要性，强调尊重和保护环境，强调人类在改造自然的同时必须尊重和爱护自然，而不是随心所欲，盲目蛮干，为所欲为。同时，生态文明也不是要求人消极地对待自然，在自然面前无所作为，而是在把握自然规律的基础上积极地、能动地利用自然、改造自然，使之更好地为人类服务。自觉树立生态观念，主动约束自己的行动，进而将生活建设得更加美好，才是生态文明建设的初衷。

自改革开放以来，大兴区不断探索功能定位，逐步加强生态文明建设力度，生态效率、森林覆盖率、水资源、垃圾资源化、生物多样性、“美丽乡村”、城乡共建等各项指标可圈可点，措施到位，成效斐然。公众的主体角色日渐凸显，大格局综合治理实施力度逐渐增强，生态经济贡献率逐年提高。

一、阶段性历程概述

生态文明建设是社会有机体良性发展的重要依托。党的十八大报告进一步把生态文明建设纳入“经济建设、政治建设、文化建设、社会建设、生态文明建设五位一体”的总体布局，使生态文明建设成为重要的时代内涵。大兴区把生态文明建设融入经济、政治、文化与社会建设的各方面和全过程，朝着以人为本，全面、协调、可持续发展迈出了重要一步。

生态文明建设是一个长期的过程，是一个历时长且内容复杂的历史进程。改革开放前，大兴区布局了很多工业企业，这些企业承载着较强的生产功能，在推动经济发展的同时，也对环境造成一定的污染。改革开放以来，大兴区不断探索自身功能定位，并通过文化培育、制度建设、科技支持等措施逐步加快生态文明建设步伐。进入21世纪以来，以北京奥运会、冬奥会、重大节庆和活动等为契机，生态文明建设取得了更大进展。

回顾梳理大兴生态文明建设40年的发展进程，基本上分为以下四个阶段。

（一）探索起步阶段

这个阶段为 1978 年至 1991 年。

改革开放之初，大兴群众对环境保护的认知仅局限于打扫卫生、清理厕所、处置垃圾，对于真正意义上的环境保护既茫然又懵懂。1978 年党的十一届三中全会开始实行“对内改革，对外开放”的重大战略决策，环境保护命题开始被提上议事日程。1979 年《中华人民共和国环境保护法（试行）》正式颁布，揭开了新中国环境法律为环保工作保驾护航的序幕。1983 年环境保护被确定为我国的一项基本国策，同时提出了环境保护三大政策和八项管理制度。1987 年我国在确立了环境保护基本国策之后，又制定修改了一系列资源环境法律类的规范性文件。这个时间段，大兴也开始将环保意识、环保指标确立、环保统筹等概念性的问题纳入党委、政府决策范畴，环境保护开始步入法制化轨道，也标志着大兴生态文明纳入经济、社会建设，生态文化进入起步阶段。

1978 年年底，中央 79 号文件中明确提出：消除污染，保护环境……我们绝不能走先建设、后治理的弯路。

1980 年，中央出台关于首都建设方针的四项指示，强调北京是全国政治中心和神经枢纽，不一定要成为经济中心。北京要着重发展旅游事业、服务行业、高精尖的轻型工业和电子工业，基本上不发展重工业，要利用有山、有水、有文物古迹的条件，建设成全国环境最清洁、最卫生、最优美的第一流的城市。据此，大力加强环境建设，抓紧治理工业“三废”和生活废弃物的污染，对污染严重、短期又难以治理的工厂企业实行关停并转或迁移；提高绿化和环境卫生水平，开发整治城市水系。针对炉窑烟尘问题，制定加强炉窑排放烟尘管理暂行办法，撤销了部分铸锻点，绝大部分锅炉得到改造。同时对新凤河等多个主要河流的污染情况进行治理。

1990 年，《北京市城市绿化条例》在大兴开始施行。

（二）初步形成阶段

这个阶段为 1992 年至 2002 年。

20 世纪 90 年代初，长期粗放式发展积累的环境问题进入暴发阶段，环境恶化、能源困惑、生态失衡等问题，引起各级政府的高度重视。党的十四大把加强环境保护列为改革开放和现代化建设的任务之一，大兴环保历程中规模化环境治理由此开始。1994年国家“九五”规划提出转变经济增长方式、实施可持续发展战略。党的十五大报告明确将可持续发展战略作为国家战略；2000年国务院印发《全国生态环境保护纲要》，明确提出生态环境保护的指导思想、基本原则与主要内容及目标要求。党的十六大报告中明确指出，可持续发展能力不断增强，生态环境得到改善，资源利用效率显著提高，促进人与自然和谐发展。该阶段大兴调整和优化产业结构，重点发展高新技术产业和第三产业，严格限制耗能多、用水多、运量大、占地大、污染严重的产业。针对燃煤、机动车排气、地面扬尘等问题，大兴分若干阶段实施了一系列大气污染防治措施。由于防治措施分得细、抓得紧、落实到位，因而取得了较好成效。同时，由于绿化面积不断扩大，加上“三北”防护林及周边地区绿化造林，大兴的风沙状况有所减弱。

（三）发展突破阶段

这个阶段为2003年至2011年。

进入新世纪新阶段，基于经济持续增长、环境代价却日益凸显的严峻现实，生态文明研究和实践活动被置于科学发展的重要位置。“绿色奥运”是2008年北京奥运会的三大理念之一，经过社会各界的共同努力，切实解决防沙治沙、污水治理、节能节水、清洁能源、清洁交通、固体污染控制等问题，北京奥运会做到了空气清新、环境优美、生态良好，并得到社会各界一致好评。如机动车限行政策的实施，对缓解交通拥堵、减少环境污染起到了一定作用。可以说，北京奥运会也为提升大兴人民的环保意识提供了契机。奥运会后，大兴区进一步贯彻“人文北京、科技北京、绿色北京”的发展理念，把城市的发展建设与改善生态环境紧密结合，分年度逐步实施。同时，始于1998年的分阶段大气污染防治工作继续进行，到2010年已经到了第十二个年头。

（四）完善提升阶段

大兴区的生态文明建设，如果说2010年以前为起步阶段，那么

2010~2020 年为成型阶段。为此，大兴继续调整产业结构，采取一系列措施加强生态文明建设。根据《北京城市总体规划（2004 年—2020 年）》，大兴的发展围绕北京市“国家首都、世界城市、文化名城和宜居城市”目标，坚持生态保育、生态恢复与生态建设并重，逐步建设成山川秀美、空气清新、环境优美、生态良好、人与自然和谐、可持续发展的生态城区。

党的十八大以来，大兴区对环保存在的突出问题始终保持清醒认识，不断审时度势、调适明确发展思路。历年的《政府工作报告》用独立章节阐述生态文明建设的原则、目标及路径，之后把生态文明建设作为统筹推进“五位一体”总体布局的重要内容进行顶层设计，提出了一系列新思想、新理念，大兴生态文明建设在此基础上，思路日渐清晰和成熟。在“北五镇”主要控制工业污染，加强节能减排，大规模搬迁六环以内的工业企业，陆续将污染严重的企业搬迁，停产一批排污量大、耗能高的企业，使清洁燃料使用率占能源总消耗量的八成以上。2007 年之后，推进集中绿地建设，实施城区边缘绿化隔离带和绿化带建设，实施绿化工程，建设城市健身绿道等，“垃圾分类”“垃圾减量”等活动效果显著。同时，农村地区“减煤换煤、清洁空气”行动一直在持续推进。

2015 年进一步明确了生态文明建设的总体要求、目标愿景、重点任务等，使生态文明建设在体系上更趋于系统完善。

“十三五”时期的党代会、人代会、政协会议都在总结生态文明建设基本经验的基础上，对新的阶段的生态文明建设做出了一系列战略部署和总体安排，着力推进生态文明领域治理体系和治理能力现代化。2021 年 1 月，时任区委书记周立云、区长王有国在北京市大兴区五届区委常委会第 137 次会议、五届人大七次会议、政协五届五次会议上强调指出，加大力度推进生态文明建设，解决生态环境问题，坚决打好污染防治攻坚战，推动大兴区生态文明建设迈上新台阶，展示了大兴区新时代推进生态文明建设的坚定决心。可以肯定，党的十九大以来的这几年，是大兴生态文明建设历史上认识程度最深、推进力度最大的时期，是大兴生态文明建设理念与经验得到社会高度赞赏和广泛认同的时期，也是新国门、新大兴生态文明建设理论与实践不断完善和发展的时期。

二、生态文明建设的效果呈现

从大兴区生态文明建设探索进程不难看出，经过几代人与时俱进的实践探索，推动生态文明建设取得了重大的历史性成就，在生态文明发展史上书写了辉煌篇章。主要体现在生态效率突出、绿化率扩大、水资源优化、资源垃圾化水平提高、生物多样性丰富、“美丽乡村”逐渐增多等方面。

（一）体制机制稳步推进

党的十八届三中全会之后，大兴区加快了生态文明体制改革进程，形成了全面铺开、点上突破、上下互动、统筹推进的良好局面。大兴区深化改革领导小组审议通过了包括监管体制、市场准入、环境监测、生态补偿、绿色金融、考核评价等重要领域的一系列纲领性改革文件，对于体制优化、制度整合和机制创新具有很强的指导意义。2015 年，《生态文明体制改革总体方案》的出台实施，进一步解决了生态文明建设的总体布局、战略目标、基本任务、制度保障等重大顶层设计问题。目前，全区生态文明建设体制框架已经确立，源头严防、过程严管、后果严惩的生态环保制度体系初步建立，一系列具有标志性、关键性、引领性的改革举措陆续出台，为大兴区生态文明建设提供了切实的制度保障和体制支撑。

（二）法治建设良性开展

在依法治国的大背景下，大兴区力图运用法治思维和方式推进生态文明建设，在完善资源环境法律法规的同时，将生态文明上升至立法层面，推动生态文明建设真正步入法治化轨道。在法律程序方面，实现环境资源类案件的“三合一”审理，大量环境案件得到有效解决，人民群众环境权益得到有效保障；在行政执法方面，《环境保护法》确立的按日计罚、查封扣押、移送拘留等法规制度得到了有效执行。2020 年全区实施行政处罚案

大兴发展规划功能图示意图

件 1115 件，罚没款数额比新环保法实施前的 2014 年增长 415.1%。同时，不断强化环保督察，推动解决各类突出环境问题 613 个。

（三）生态文明程度不断提升

1. 生态效率不断突出

生态效率是生态资源满足人类需要的效率，或者说是生态资源的利用效率，它体现的是消耗单位生态资源所换取的经济发展程度。大兴区把现代化建设和生态文明建设相结合，调整产业结构，改变传统生产方式，目前已从以工业为主导的产业体系转型为以服务业为主导的新型现代产业体系，能耗大幅下降，生态效率大幅提高。

生态效率高的地区，生态文明指数就高。2009 年，北京大学首次为中国各省区市生态文明排名，北京高居榜首，大兴区位居全市前列。2009~2013 年的排名中，大兴区亦稳居前列。

2. 绿化率不断扩大

2001 年启动实施京津风沙源治理工程。区发改委、园林绿化局、农委、农业局、水务局等部门按照“人文北京、科技北京、绿色北京”的要求，积极推进该工程建设。2011 年，一期工程接近尾声。截至 2015 年，全区获得“国家级生态示范区”“国家级生态乡镇”“国家级生态村”“北京郊区环境优美乡镇”“北京郊区生态村”等多个荣誉。

同时，加强城市森林公园体系建设，拓展了城市绿色景观的生态空间，缓解了城市热岛效应。1985 年“六五”末期，大兴森林覆盖率为 16.5%；1990 年为 19.8%，1995 年为 24.3%，2000 年为 25.22%，2005 年为 28.61%，2015 年为 27.8%，2018 年达到 29.5%。大兴区自 1979 年起就大力开展义务植树活动，通过几代人、几十年的勤勤恳恳植树造林，截至 2020 年 11 月，全区森林面积达到 31297 公顷、森林覆盖率达到 30.2%，人均公园绿地面积达到 14.51 平方米、公园绿地 500 米服务半径覆盖率达到 92.7%。大兴绿色屏障的逐渐形成，对防治风沙效果显著。

3. 水资源不断优化

河湖水系是城市生态系统的重要组成部分，近年来市区政府投入数亿元资金治理多条河道，使其重现清澈水体。

为优化水环境，完善水环境监测质量体系，到 2020 年共形成了 2 个分中心、58 个镇（街道）水环境区域补偿跨界监测断面，99 个村（社区）地表水环境质量评价考核监测断面。《北京市地表水功能区纳污总量控制考核方案》是实现重点水功能区水质达标的重要依据，大兴区还整合地矿、环保、卫生等多部门联合监测水资源，搭建水质信息共享平台，为水资源管理和供水管理提供决策支持。北京市近年编制的《水生态健康评价指标体系》以及《北京市水生动植物图谱》对水质评价起到了很好的参考作用。为修复水生态，从2010年起，大兴区采用新指标对水生态进行监测。原来的监测指标以藻类为主，不能全面反映水质，现在的新指标则包括pH值等12个理化指标和浮游动植物等9个生物指标。

为提高水利用率，大兴区积极推动节约用水，加强污水处理。2013年和2014年分别实施《北京市加快污水处理和再生水利用设施建设三年行动方案（2013—2015年）》和《北京市污水排放标准》。目前大兴环境用水90%以上是再生水。

地下水是供水安全和生态安全的基石。2014年3月，习近平总书记针对北京的水安全问题做出重要指示，提出“以水定城、以水定地、以水定人、以水定产”。为此，大兴区建立了地下水管理信息系统，在全区范围内开展地下水污染状况调查，落实最严格的水资源管理制度。

4. 垃圾资源化水平不断提高

垃圾是放错了位置的资源。大兴区为实现垃圾资源化目标，调结构、减总量，逐步加强垃圾资源化处理。到2020年底，大兴区99%的垃圾实现无害化处理。

以往建筑垃圾大多通过露天堆放或填埋方式简单处理，既占用土地又污染环境。近年来，大兴区将建筑垃圾综合管理纳入“十三五”规划，在2018年底时，已建成1座建筑垃圾资源化处置设施，20座临时性建筑垃圾资源化处置设施，到2022年将再建成5座固定式建筑垃圾资源化处置设施。

2007年，首座餐厨垃圾集中处理设施投入运行，2020年，建成垃圾分类固定桶站3457组，完成率100%；撤除垃圾大箱3040个，完成率100%；涂装垃圾运输车辆255辆，完成率100%；改造提升密闭式清洁站14座，完成率100%；改造提升临时中转站15座，完成率100%；生活垃圾分类示范片区创建覆盖率100%；生活垃圾无害化处理率100%。实现了7个百分百。在其他硬件设施建设上，建成可回收物交投点661处；大件垃圾、装修垃圾投放点1306处；分类驿站207座；大件垃圾处理厂1座，累计处理全区大件垃圾约8500吨；设立区级可回收物临时分拣中心3座，2座已建设完成并投入使用，1座正在实施建设；建成厨余垃圾就地处理设施22座，就地处理量累计4683.83吨。提高精细化管理系统建设速度，搭建1个区级精细化平台和20个镇街子平台，安装智能桶站239组，录入桶站点位信息3689个。接入18家社会单位投放、处理数据（6座就地处理设施、1座临时分拣中心、1个有害垃圾暂存点、10家社会企业投放数据已接入区级平台）信息。改造完成4座密闭式清洁站、14个转运点、97辆直收直运运输车（加装称重计量、GPS、设备装置等）。自《北京市垃圾分类条例》实施以来全区家庭厨余垃圾分出量6.8万吨，厨余垃圾分出率稳定在20%以上。生活垃圾减量9.5万吨、同比减量率达到11.85%（纳入统计的可回收物回收量12192.57吨）。

5.“美丽乡村”不断增多

大兴有大片的涉农区域。2006年开始的“寻找北京最美的乡村”活动，由农工委、农委、旅游委、文明办、文化局、园林绿化局联合主办。活动严格按照“生产美、生活美、环境美、人文美”的标准筛选推荐候选村庄，通过网络投票、报纸选票、市民体验、专家评委评选，每年评选出“北京最美的乡村”。2020年时，全区行政村已有16个村获此殊荣。

根据北京市政府印发的《提升农村人居环境推进美丽乡村建设的实施意见（2014—2020年）》，从2014年起，每年建成一批“北京美丽乡村”，持续开展“寻找北京最美的乡村”活动，力争到2020年，将郊区农村基本建成“绿色低碳田园美、生态宜居村庄美、健康舒适生活美、和谐淳朴人文美”的美丽乡村。目前，这项工作已圆满完成。

6.城乡共建成效不断凸显

北京市和大兴区大批企事业单位与农村手牵手共同建设生态文明。自2006年起，区绿化委员会组织开展首都全民义务植树“城乡手拉手、共建新农村”活动，动员社会各界力量对村庄绿化进行结对帮扶、对口支援。

通过提供绿化规划、技术指导、义务植树、农产品销售市场信息、民俗旅游等形式支援村庄生态建设。此后，城乡共建活动持续开展，成效显著。

（四）循环经济绿色低碳

随着生态文明建设和体制改革的不断深入，不断推动粗放型发展方式向绿色循环低碳发展方式转变，资源节约型、环境友好型社会建设明显加快。党的十九大之后，大兴区在战略与政策安排上，更加注重经济发展与环境保护有机结合，更加重视发展的质量和效益，加快推进绿色发展、循环发展、低碳发展。各镇街在“五位一体”总体布局下，把绿色发展作为推进生态文明建设的重要途径，不断促进区域经济增长和产业结构优化，形成一批生态环境保护与社会经济协同发展的典型模式。

三、现实挑战和决策重心

“十三五”时期，尽管大兴区生态文明建设取得了较好成效，但仍然存在若干重要问题，面对“十四五”，亟须正确对待、认真研究、加以完善。

（一）干部对生态文明建设的认识再提高问题

尽管区委区政府、区环保等相关部门高度重视生态建设，并给予了政策和资金等方面的支持，但仍有部分干部的生态意识不强，在经济发展和环境保护之间倾向于选择前者，在实践中倾向于用绿水青山去换金山银山，不考虑或者很少考虑到环境的承载能力，不能主动预防或解决经济发展和资源匮乏、环境恶化之间的矛盾。还有些干部认为生态文明建设是一项长期而复杂的系统工程，做起来投资大、难度大、见效慢，很难具体量化，因此，在生态文明建设方面缺乏内在动力。也有些干部在一定时期内加强生态建设，但缺乏后期管护，使生态脆弱地区不能得到有效治理、生态良好地区不能得到有效保护。

（二）公众对生态文明建设的参与度提升问题

公众的积极参与是生态文明建设永不枯竭的动力之源。但是，目前部分民众在生态文明建设方面具有很强的政府依赖性，在自身行动方面缺乏积极性、主动性和创造性。根据对不同社会群体的走访调查，对环境保护和生态文明建设最为关心的是即将退休的人员，他们中的很大一部分人亲历过北京几十年来的环境变迁，对印象中的美好环境非常留恋，而且他们一般比较认同资源节约和环境友好型的生活方式。对环境保护和生态文明建设关注度较低的是一部分 20 岁左右的青年，尤其是一些家庭经济条件好、消费层次高的青年。部分原因在于他们受消费主义和享乐主义生活方式的影响，对社会的责任感和义务感不强。也有一些民众有参与生态文明建设的意愿，但是不知道如何参与；还有一些人想参与又顾忌周围人的看法。

（三）村庄差异消除的社会伦理内化问题

部分区镇村的居民生活垃圾，一般露天自然堆放或简单填埋，很少能得到科学处理，污水也未能很好地被纳入城市污水管理系统，甚至由于交通便利、面积大、地价低，成为生活垃圾的堆放地和污染企业的聚集地。有些垃圾场位于地下水源补给区，垃圾渗滤液和污水对土壤、地表水和地下水均造成不同程度的污染，这反过来又影响到市城区的供水质量。有些村庄土地开发强度大，种植业发达，过量使用地下水、化肥、农药，畜禽粪便和农作物秸秆未能得到妥善处理。

（四）生态文明建设的综合机制制度化长效性问题

2008 年北京奥运会和 2013 年北京 APEC 会议期间，通过社会各界的共同努力，大兴的空气质量得到了很好的保障。尽管这属于特殊时期的非常之举，但也说明了生态文明建设的综合性特质。环保部门之外的机关、企业、学校、社会团体和个人的配合非常重要。而且，城市规划、区域合作、产业结构调整、能源结构改善以及扩大公共交通、推进节能减排等方面还需要多做努力。近年来，大兴区生态文明建设取得了较好成效，但形势依然严峻。偶尔出现的雾霾天气严重影响了空气质量和居民健康，也影响了新国门的国际形象，对北京的世界城市建设产生不利影响。投入机制、科技支撑机制、监督机制、协同创新机制、激励机制、效果评估机制、问责机制等综合机制亟须加强。

第二章　大兴生态文化的历史变迁

大兴历史悠久，底蕴深厚，自先秦建县以来历经2400余年。金代贞元二年（1154）定名大兴县，取“兴旺发达”之意，曾为元、明、清三代王朝的皇城京畿。背倚京城，面向渤海，自古为外埠进京通衢，是京津两大都会通衢要地、交通要冲。因置县较早，其县又置于天子脚下，史称“天下首邑”。

“天下首邑”是大兴千年发展历程的历史高度浓缩，也是大兴生态文化璀璨耀眼的承载之基。随着岁月沧海桑田、周流运转，曾经的“天下首邑”被赋予了新的内涵。随着首都功能定位的确立，京津冀高地打造，大兴已当之无愧地成为“北上融合首都、南下打通华北”的新国门，发展成为兼具典雅厚重与时尚轻盈双重气质的现代化重镇，日益展现着宜居宜业、和谐大美的特色与特质。

枝叶茂盛郁苍苍，凤凰和鸣声悠扬。五彩云霞绕碧月，七色光华罩霓裳。2019年9月25日，这是一个定格在大兴发展史上具有里程碑意义的喜庆日子。习近平总书记在此亲临视察，并宣告北京大兴国际机场正式投入运营。

大兴，已然成为首都城南的一颗璀璨明珠，令世人瞩目。

第一节 “天下首邑”的历史脉络

秦代设北京为蓟县，为广阳郡郡治。汉朝为广阳郡蓟县，属幽州。西晋时，改广阳郡为燕国，幽州迁至范阳。隋朝改幽州为涿郡，唐初武德年间，涿郡复称为幽州。辽于会同元年（938）改幽州为南京作为陪都，号南京幽都府，开泰元年（1012）改号析津府。大兴为析津县。

贞元元年（1153），金朝正式建都于北京，称为中都，位置在今京西南。自元朝起，北京开始成为全中国的首都，称为元大都。后设置燕京路大兴府，元世祖至元元年（1264）改称中都路大兴府。至元九年（1272），中都大兴府改名为大都路。金灭辽以后，在贞元二年（1154），把析津县改称大兴县。“大兴”二字的寓意是“疆域广阔、兴旺发达”。这时的大兴县治所设在金中都城的东部，西至旧城施仁门一里（即今天的北京市西城区琉璃厂海王村）。一直到元朝末年，大兴县的治所一直没有变动。

明朝洪武元年（1368）八月，朱元璋的军队攻入元大都，把元大都城改名为北平城，以应天府（南京）为京师，大都路改称北平府。洪武九年（1376），改为北平承宣布政使司驻地，今大兴区西部原为宛平县东南部地区，中东部为原大兴县南部地区，封朱棣为燕王，镇守北平。永乐元年（1403），燕王朱棣靖难之变后夺得皇位，改北平为北京，是为“行在”（意为天子行銮驻跸的所在），改北平府为顺天府。永乐十九年（1421）正月，正式迁都北京，以顺天府北京为京师，应天府则作为留都称为南京。

大兴隶属顺天府，成为大明王朝的核心地带。崇祯十七年（1644），清摄政王多尔衮率兵占领北京。十月，顺治帝抵达北京，宣布“定鼎京师”，即以北京为清朝首都。顺天府州县的设置基本沿用明朝定例。

明清时期大兴是北京的重要组成部分。清康熙《大兴县志》中记载：“大兴得名，实自金始，历元明不易。”至今已有863年的历史。

自洪武三年（1370），在北平城东部教忠坊（今东城区交道口南大街大兴胡同中部北侧）设立大兴县衙署，直至1935年，大兴县的治所一直设在这里达565年之久。

大兴的县衙位于北京城内，这是与其他各县最大的不同之处。很多人不明白，为什么大兴县“有县无城”，这有它独特的历史文化成因。因为大兴县衙署设在了北平的内外城之间，不需要城墙而已。时大兴县下设三个巡检司，分别在采育、礼贤和黄村设有官署，管辖北京的东半部及东郊和城南、城北一百多里的区域。

“天下首邑”出自清康熙年间的《大兴县志》，该书由大兴县令张茂节主持编纂。自清康熙二十二年（1683）十一月始修，翌年五月草成初稿，张茂节主持删削润色、讨论校正，倾注了大量心血。清康熙二十四年（1685）十二月，《大兴县志》刊刻成书，分舆地、营建、食货、政事、人物、艺文，共6卷，全面记述大兴历史、地理、文化和社会风貌。《大兴县志》开创了编写大兴县地方志书的先河，为后人留下了320年前宝贵的历史资料，丰厚了大兴的文化底蕴。

清朝的顺天府负责管理北京的治安与政务，顺天府最高长官是府尹，管辖着大兴县、宛平县两个京县和20个州县。以北京城中轴线为界，东为大兴县，西为宛平县。其所表述的大兴县地理位置和区域范围，不仅包括现在大兴区的面积，还有东城区、朝阳区、昌平区、顺义区及通州区等广大地区。当时的大兴县地域广阔，人口密集，着实为拱卫京城的重要地区。

北京有句老话儿说："皇帝坐在金銮殿，左脚踩大兴，右脚踩宛平。"虽然说的是北京四九城的行政区划，却形象地说明了大兴和宛平两县所处的位置。清代"大兴"的地理位置仍然在北京的东部，即当时顺天府东部的位置。《清史稿·地理志》中明确记载："大兴，冲、繁、疲、难，倚府东偏。"因建筑十分显著，于是老百姓就把这条胡同叫"大兴县胡同"。大兴和宛平两个县虽同为京县，但按照中国的传统观念，左为上，右为下，清朝时，北京以中轴线鼓楼为界，分东、西两署，皇帝金銮殿上的龙椅正在中轴线上，位于中轴线东面的大兴便有了"天下首邑"的称号。

1930年，大兴县署迁到现在的黄村。

大兴被称为"天下首邑"，除了上面说的地理位置外，还有一个重要原因，那就是疆域广大。据晚清著名学者缪荃荪《顺天府志》中记载，"大兴县"的地理区为："东除城属八里外（城属意为京城所辖范围），至通州界，十二里；西无管辖，系宛平属；南除城属二十四里外，至东安县界七十一里；北除城属一十二里外，至昌平州界，二十三里；东南除城属三十七里外，至东安县界，五十里；西南除城属二十里外，至固安县界，七十四里；东北除城属十里外，至顺义县界，三十五里；西北除城属十二里外，至昌平州界十三里。东西广二十四里，南北袤一百七里。"

第二节
永定河：大兴生态绕不过的命题

永定河水奔流不息，历经光阴荏苒，无时不在述说着它的历史文化。一城一河，滋养城市文脉，赋予都市灵性；山水人和，永定河让人们触摸到百万年前的自然生命节奏；文脉滋养，如诗如画，书写着山河精神与灵性。明代冯宗伯诗云："桑干之水何漫漫，天风五月波涛寒。惊流撼地地欲动，蛟螭不敢凌飞湍。远望只疑银河悬，虹霓倒挂下饮泉。近看更似卷龙蟠，玉龙金甲相飞翻。"永定河经历了漫长的历史发展，自西北向东南，各种文化交流、融合，形成了独具特色的文化内涵，丰富而多彩，成为京味文化和北京文化精彩耀眼的篇章。永定河把山西、河北、北京、天津等几大文化中心联为一体，大跨度地整合了整个永定河流域的文化发展。

北京市三面环山，西面的群山泛称西山，位于东经 116 度、北纬 40 度交会处，居太行之首，古代被誉为"神京右臂"，拱卫着北京城。其中的灵山是北京市的最高峰，由此自西北向东南逐级下降，永定河从西北向东南横切过来，流经北京市后汇入海河，经天津市注入渤海。随着"永定河文化"写入《北京城市总体规划（2016 年—2035 年）》，北京南城的大兴就成为北京市"三个文化带"之上一颗耀眼的明珠。

一、永定河孕育了北京湾

永定河没有黄河的伟岸，却有黄河的澎湃；没有长江的浩瀚，却有长江的气派。永定河咆哮的河水带来了泥沙和水患，也带来了平原的生长和丰富的水源，带来了文明的一次次演进。

永定河发源于山西，自河北省怀来县幽州村东南流入北京市界，流经北京市170公里，穿越门头沟、石景山、丰台、房山和大兴5个区，至大兴区南端崔指挥营村以东复入河北省境域，流域面积3168平方公里。追溯北京城3000余年的建城史和860余年的建都史，其形成和发展与永定河息息相关。

北京城坐落在永定河洪积冲积扇这片开阔的土地上，这里海拔在5~50米，地势平缓、河道纵横，历史地理学家称为“北京小平原”。而“东控辽碣，北连朔漠，西接三晋，背负燕山，左拥太行，右濒渤海”，则是人们对“北京小平原”位置的精准描述。冲积扇催生城市，城市的发展离不开水。永定河洪积冲积扇为北京市提供了建城的空间和适宜耕种的土壤，也为北京市提供了直接或间接的水源。专家考证，古代的莲花池水系、西山诸泉、高梁河水系以及城近郊区丰富的地下水，主要都是永定河通过地上、地下途径补给的，有的直接就是永定河的古河道。永定河古河道孕育了万泉河、清河以及大量湖沼，为北京地区提供了优越的水资源。

北京市有五大水系，西南有大清河水系，西部有永定河水系，西北有温榆河水系，东北有潮白河水系，东部有蓟运河水系。这五大水系又分别有很多支流，大大小小加在一起共有180多条，而这其中对北京城影响最大的一条河就要数永定河了。永定河孕育了北京城浓郁深厚的文化底蕴和丰富独特的人文资源，“西山永定河文化带”就像一部巨著，涵盖了很多北京的政治、军事、历史和文化内容。

二、永定河的“精魂”属大兴

大兴区位于永定河的冲积扇小平原上，大兴区的形成与发展的历史就是永定河历史上精彩的篇章。

大兴区域中心的南海子地区位于永定河冲积扇的前缘，曾纵横广布湿地，是承载当地历史的重要文脉，也为辽金元明清时期的政治、文化活动提供了重要的地理基础，是清朝园林理政模式的起点。作为辽、金、元、明、清五朝皇家猎场，元、明、清三代皇家苑囿，与紫禁城、“三山五园”共同构成北京的三大皇权中心，是启用时间最早、规模最大、功能齐全、京师地区紫禁城之外的重要政治活动中心。作为首都“一核两翼”布局的重要腹地、京雄发展走廊的重要节点，南海子也是南中轴生态文化发展轴上的文化高地和生态亮点，属于西山永定河文化带文化生态精华区，是西山永定河文化带上的一颗璀璨明珠。

随着永定河全线恢复通水，大兴区抓住西山永定河文化带建设契机，结合北京市西山永定河文化带建设，响应实施京津冀协同发展战略，有效整合永定河现有的生态资源、历史文化资源，整合大兴区历史、文化、人才、文物资源，深入挖掘西山永定河文化带的文化内涵，实现历史价值、社会价值和经济价值转化的重要举措，对永定河河神祠、北岸祠、海禅寺等永定河沿岸历史遗址遗迹进行保护研究，沿永定河打造一个集历史文化展陈、生态观光游览、传统村落保护、非遗项目展示等多项功能于一体的永定河开放式生态文化体验园。

未来，大兴区将着力聚焦新国门的建设，加强永定河历史文化传承保护，努力将其打造成一个标志性的文化品牌，使其成为建设全国文化中心的重要一环；以保护好、传承好、利用好永定河文化遗产为原则，积极落实永定河综合治理与生态修复实施方案，打造城市绿水青山生态景观格局，不断满足人民美好生活需要。区政府上下一心，着眼于今，面向未来，构建大兴文化新高地。

永定河生态走廊大兴段在整个规划中属于平原郊野段，采用“以绿代水”的治理模式，加固堤防，彻底消除防洪安全隐患。例如，修复已退化的河流生态系统，打造田园生态景观河道，两侧 200~500 米建成滩地修复保护带。有水则清、无水则绿，滩地修复压尘，形成溪流，水面面积 50 公顷，恢复金门闸、龙王庙等历史人文景观。

2009 年编制的《北京市永定河绿色生态发展带建设规划》，将永定河治理分为三段，即官厅山峡段、平原城市段以及平原郊野段。其中，三家店至南六环路的平原城市段为永定河治理的重点。

发展永定河绿色生态带产业，在沿河两岸有丰富的历史文化资源，以“四湖一线”建设工程为主体，恢复历史景观，与旅游资源一同发展旅游休闲业。

永定河文化为大兴提供了丰富的素材和广阔的展示平台，北京市“十三五”规划提出重点建设西部永定河绿色生态走廊，实现湖泊溪流相连自然景观。挖掘古都历史水文化，重现特色历史水景，发展历史文化旅游，弘扬城南历史文化。相信在“十四五”规划的指引下，永定河文化将更加大放异彩。

第三节 大兴生态失衡的沧桑记录

北京的母亲河——永定河，因其河流无定，历代朝政皆赋予其不同称谓，因此，在中国河流史上，应该算作一条名称最多的河流。它从山西省宁武县的管涔山分水岭村发源，与内蒙古洋河合流后，经内蒙古、山西、河北三省（区），到燕山冲出西山之后，便开始恣肆改道迁回，宛若黄河下游般放荡不羁。

一、千秋河变易其名

地域的名称经常承载着历史沧桑的记忆。著名永定河研究专家尹钧科说：“历史地名为研究历史上人类的活动及环境变迁，提供了重要线索和证据。”永定河这条北方大河的传奇，从繁多的名字中可见一斑：

先秦时期，它叫浴水；西汉时，它叫治水；东汉时，它叫漯水；三国时期，它叫高梁河；南北朝时期，它叫清泉河；隋唐时期，它叫桑干河；

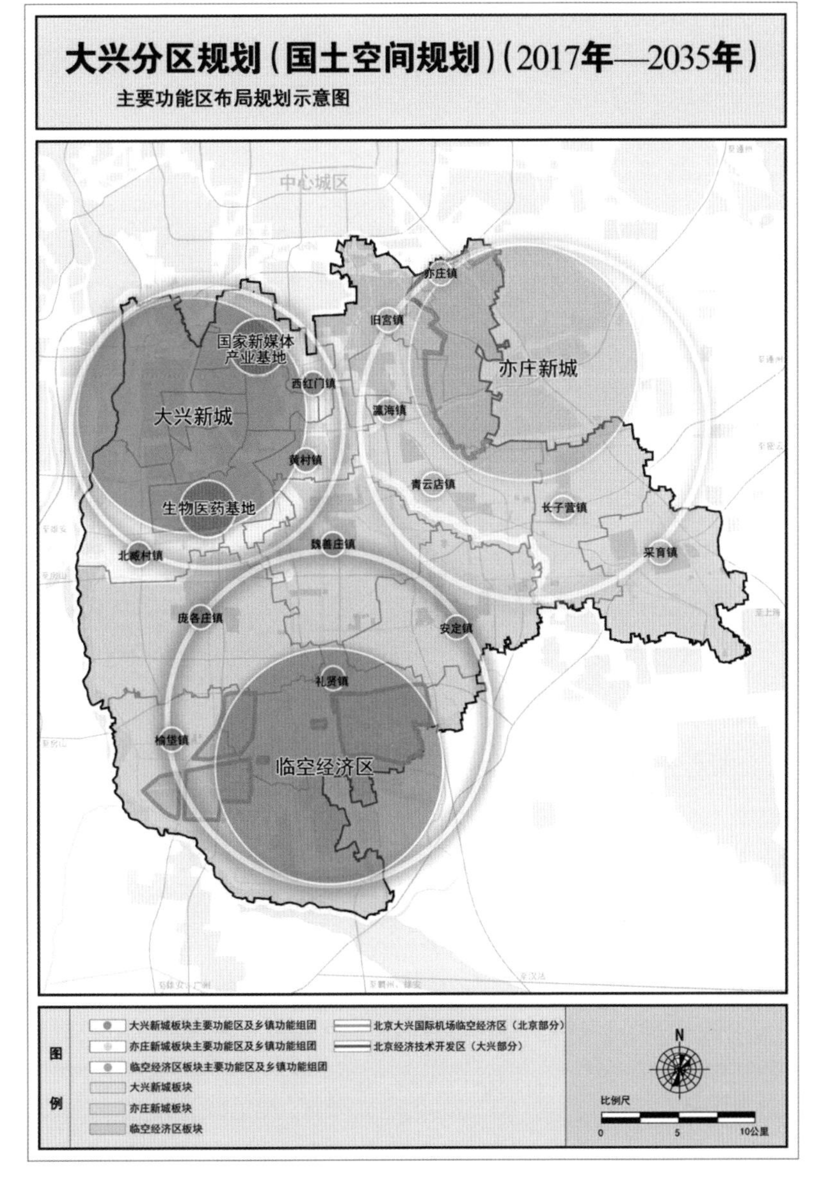

大兴发展规划功能图示意图

宋、辽、金时期，它叫卢沟河；元朝时，它叫小黄河；明朝时，它叫浑河；清朝时，它叫无定河；清康熙三十七年（1698），经过疏浚河道、加固河堤，大规模治理后的这条河才有了现在的名字——永定河。

那么，永定河为什么会有如此众多的名字呢？

有人说是因为它的桀骜不驯。可以说，永定河是海河水系中洪灾最厉害的一条河。历史上的永定河频繁改道，尤其在下游，汪洋恣肆，摇摆不定，犹如一匹脱缰的野马。向南与拒马河交汇，向东与温榆河、潮河、白河会合，奔腾咆哮，变幻莫测。

自金代起的800多年间，永定河有81次决口，9次改道。清代在下游修建堤防以后的250多年中，决口、漫溢总计达78次，平均不到4年就发生一次洪灾。反复无常的性情，才使它有了各种各样的名字，这其中最为著名的，当是“无定河”了。

无定河水捉摸不定，经常泛滥成灾，影响京城西南的通行。历代皇帝以卢沟水为京师之患。历史上有记录的大灾害就有多次：例如明朝永乐十年（1412）七月，洪熙元年（1425）七月，宣德三年（1428）六月，正统元年（1436）七月，正德元年（1506）二月。嘉靖三十年（1551）以后，东岸决堤约20处。嘉靖四十一年（1562）八月，西南堤岸又决。每次大水冲坏河堤上百丈，多时能达800多丈。

清康熙年间，无定河堤岸多次被洪水冲决，河道一次次向北迁移，下游的固安、文安、永清、霸州等县不断遭受水灾，给老百姓造成痛苦。

河名的变化还反映出了河水水质的变化。

永定河曾被称为卢沟河，是因为河水浑浊、色近于黑。宋人周辉的《北辕录》中说：“卢沟河亦谓黑水河。”刘侗《帝京景物略》中记载：“浑河，如云浊河也。卢沟，如云黑沟也。浊且黑，一水也。”乾隆诗中曰：“石梁黑水此鸣鞭。”石梁指卢沟桥，黑水指卢沟河水。

从桑干河、清泉河到卢沟河、小黄河，再到浑河、无定河，河名的变化真实地反映了永定河水由清到黄，再到黑与浑的变化过程。繁多的名字，成为永定河历史的真实写照。

二、漫漶摆动形成水患

永定河是一条多灾多难的河流，恣肆漫漶造就了下游的游移不定。据正史查实，北魏时永定河改流蓟城（北京城前身）南，大致循今凉水河道下注。隋唐时大致穿过今大兴区中境向东南流至今河北省霸州市东部，成为永济渠的北段。辽金时主要流经今凤河。元明时在卢沟桥东南的看丹村处，永定河分了三条流向。明初《顺天府志》“大兴县·山川”下，引《图经志书》云：“桑乾河，河自山西来，势极迅急。至卢沟桥东南，分为三支：一支自看丹口来，分流于新河水，合而达于漷州之境；一支自看丹口南入本县境，经清润店达于东安县境，今已淤塞；一支南流，入于固安县境，经霸州会于淀泊，出武清入小直沽，以达于海。”

永定河下游摆动近百里，泛滥近两百里，不仅大兴频遭水灾，就连皇城也难逃厄运。据历史记载，明万历三十五年（1607），北京城曾遭遇过一起特大水灾。史书记载，“大雨如注，经二旬”“阴雨不懈，昼夜如倾”。

在清代以前，永定河究竟改道过多少次，恐怕难以计数。清朝初期的永定河仍称浑河、无定河，是一条越来越不安定的河。乾隆年间《阅永定河》中写道：“永定河之本无定也。”“永定本无定，竹箭激浊湍。”“一过卢沟桥，平衍渐就宽。散漫任所流，停沙每成山。”“河底日以高，堤墙日以穿。无以改下流，至今凡三迁。”《永定河有故道》曰：“永定原无定，千年卫帝京。”《过卢沟桥》曰：“无定何如永定乎？千秋疏治仰神谟。”清代268年间共发生了129个年次的水灾，有42次属于永定河水灾；在其中的5次特大水灾、30次严重水灾中，永定河就分别占了4次与18次（详见尹钧科等著《北京历史自然灾害研究》第五章）。康熙三十七年（1698），永定河又一次突发大水，京畿形势危急。康熙亲临阅视，命于成龙大筑堤堰［（清）陈琮：《永定河志》卷六《工程》，上海古籍出版社，2002］，成为永定河治理史上的标志性事件。工程结束后，康熙赐名永定河，希望其永远安澜。

据《中国灾荒史记》记载，雍正三年（1725），水灾更是历年之最，畿辅地区有将近52个县处于大雨之中，溢决次数更是达到了24次；其中，东安“六月至八月，大雨伤稼”，武清“六月，大水，河西务堤溃，平地深数尺，浸东门城砖十数层”，天津“大水，卫河溢决十三口”等。而后，雍正皇帝认为：“直隶地方，向来旱涝不备，皆因水患未除，水利未兴所致”。故而，任用怡贤亲王允祥和大学士朱轼等人去畿辅等地勘查，大兴的凤河就是此时被发现的。陈仪作为畿辅地区的营田观察使，其所著《直隶河渠志》更是详细地记载了怡贤亲王查修水利的过程。

清代嘉庆年间永定河频发的水患加剧了大兴的漫漶，对潜水带溢出的南苑地区影响较大。两次水灾中，一次是嘉庆六年（1801），另一次是嘉庆二十四年（1819）。最大的一次，嘉庆六年永定河决口，南苑大面积过水，“中顶、南顶及南苑一带俱经淹浸，犹幸决口处所尚距卢沟桥南五六里，若再向北冲决，则京城及圆明园皆被水患”（《清仁宗实录》卷八四，嘉庆六年六月丙辰）。嘉庆皇帝有一首《海子行》的诗，诗中写出了南苑河水泛滥成灾的恐怖情景：“永定门外南海子，地势沮洳众流委。辛酉季夏被涝灾，大堤溃决泛洪水。”据《大兴县志》记载：“永定河北二工漫溢。二十二日，北上头工又漫口三百余丈……漫水东流至南苑西红门，黄村门，冲坏墙垣，进入苑内六七里，深三四尺。难民逃奔，寻栖身之地。广储司拨银万两赈济。”

光绪十六年（1890）永定河再次泛滥，河水从海子北墙九孔闸（大红门东）涌入南苑，瞬间南海子地区变成了一片汪洋，苑墙冲毁，野兽逃散。洪水从南海子北墙九孔闸进海子里，围墙被冲倒，苑内放养的麋鹿等珍贵动物多被冲出墙外，任人追猎捕食。

滔滔浊浪，排空隐耀，今大兴区的狼垡、鹅房、西大营、南北章客、赵村、东西麻各庄等处，都曾是永定河决口之处，决口后留下几条沙带。大兴区的凤河等河段，或为透堤水，或为永定河的故道地下水涌出形成。

从古至今，人们治理水患的努力就没有停止过。金大定中建筑了卢沟河神庙。明正统年间，在堤上建起了龙神庙。南岸也有天顺年间敕建的兴善寺，弘治年间建造的灵会寺。清康熙年间重建，敕封永定河神，祈求保佑，顺应自然。

三、因水育土，育土得地名

由永定河冲击而成的平原，使得大兴的地名、村庄都与永定河紧密维系在一起。这些因河立名的考据，传递了大兴区在永定河整个流域范围的历史信息。大兴有着生态文化的资源和文化基因，“垡”字，便是因水而育土，因育土而得地名。

在大兴区境内，叫“垡”的地名有很多，有不少村镇的名称都带“垡”

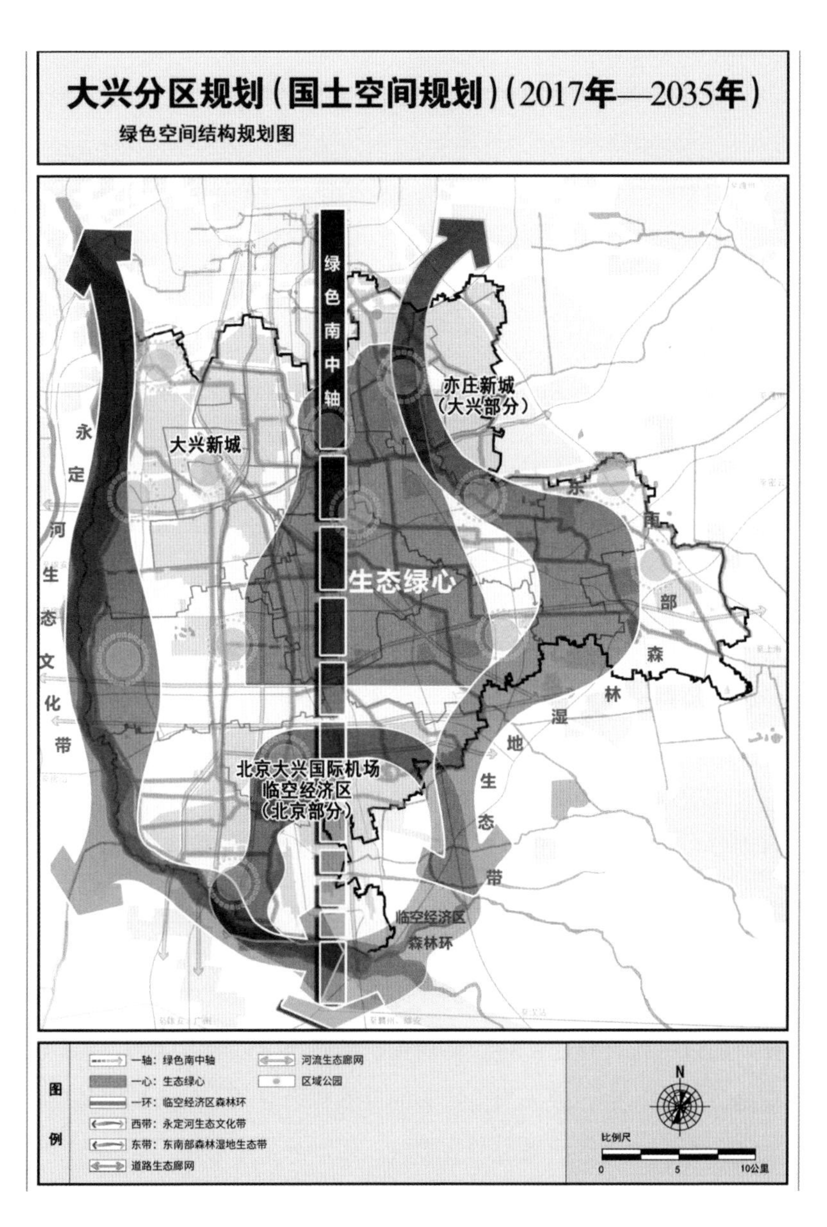

大兴分区国土空间规划

字：如狼垡、榆垡、东黄垡、西黄垡、小黄垡、大狼垡、立垡、大黑垡、小黑垡、东芦垡、西芦垡、张公垡、北研垡、东南研垡、西南研垡、石垡、垡上、北顿垡、南顿垡、加禄垡等20多个以“垡”为通名的村镇。这些村镇为什么要叫“垡”？这其中有什么寓意呢？

垡，其字义为耕田翻土之意。据《考工记·人篇》记载：“两人耕为耦，共一尺，一尺深者谓之畎，畎上高土谓之伐。”“伐”今作垡。意思是，两人一组在田间耕出一尺宽、一尺深的垄沟，沟上翻掘的土块就叫作“垡”。耕垡一词由来已久，乃务农之意，唐韩愈《送文畅师北游》诗中就有“予期拜恩后，谢病老耕垡”之句。古代先人们在这一带垦荒耕田形成的居民点，就叫“垡”了。大兴地处永定河中游洪积冲积平原上，河道迁徙无常，在这一带的河间洼地中，泥沙淤积，形成大片的胶泥土和盐碱土。人们在这里耕垦时翻起的土块，粘湿板结，称为“垡块”或“垡头”。

大兴这些带“垡”字的地名，有的以颜色入地名，如黄垡、黑垡等村名，得名于当地土壤的颜色。有的因当地土壤中多沙石而得名，如石垡。石垡西临永定河，历史上永定河这一带曾多次决口，沙石淤积，因此得名。有的村名来历与动物有关，如狼垡、大狼垡。很久之前，此地狼群活动频繁，狼垡在建村之初，村北边有一道卧狼岗，狼群活动猖獗，到这里垦荒的人和家畜经常受到恶狼的伤害，狼由此成为人们心目中最可怕的动物，后来村民在村西修了一座庙，祈求神灵庇佑，同时以狼垡为村名，以提醒人们时刻小心狼的危害。有些村名的来历与当地特有的植物有关，如桑垡、榆垡、东芦垡、西芦垡等。东芦垡、西芦垡原是一个自然村，以姓氏得名卢家垡，因该处地下水渠十分丰富，夏秋时节，芦花怒放，成为这一带的显著标志，于是到这里垦荒的人们就以这里特有的芦苇按村名谐音转化称作芦垡，后以方位称作东芦垡、西芦垡。榆垡镇附近因古浑河泛滥，该地多沙荒地，榆柳丛生，成为当地特有的自然地理景观，后人即以榆树为志呼为榆垡。而位于永定河堤边的立垡村，因以前村中有很多栗树先得名栗垡，后于清朝末年改名为立垡。有的村名则反映出当地的古地理环境和地貌形态。大兴区境内的北研垡、东南研垡、西南研垡一带地势低洼，地下水位高，排水不畅，地多盐碱，明代移民至此耕垡建村，初称盐垡，清康熙年间以方位命名为北盐垡、南盐垡，清光绪年间谐音改称北研垡、南研垡，南研垡后称作东南研垡、西南研垡。

四、荒漫的移民添充

元朝亡后，大兴东南部地区水患、天灾、战争造成冷漠荒寂的局面。明朝建立，实行移民屯田，奖励垦荒的民屯、军屯、商屯之制等很多形式，其高潮历洪武、建文、永乐三朝，共50余年，使被战争破坏的一些地区重新建立起社会秩序，农业生产得以恢复和发展，官营和民营的手工业各部门也随之增加，陆续恢复生产，商业城市相继复苏。同时以南京和北京为中心，形成沟通南北的商路。

明初移民，方式多样。明后期直至清代，自发移民尤甚。

整个明、清两代，从明洪武三年到清光绪年间，大规模和小型的多层次移民数不胜数。移民运动加速了大兴凤河流域村庄的形成。移民区村庄的命名，除了凤河流域以家乡县、村庄命名外，大都是按移民的姓氏或屯驻营扎等而定。大兴区526个自然村，有110多个是由洪洞县大槐树下迁徙过来的。移民的住地许多都以姓命为村名，如：贾家屯、王屯、康营、韩庄等。同时还有不少行军屯，大兴区有行军屯51个。

在甄别史料时，对照黄有泉、高胜恩的统计，作了一些史料查阅和考订。

洪武四年（1371）三月，“徙山后民万七千户屯北平”[（明）沈榜：《宛署杂记》卷六，北京古籍出版社，1980。《明史》卷二《太祖本纪二》]。其具体数量及迁徙原因，徐达奏书中记载甚详：“山后顺宁等州之民，密逐房境，虽已招集来归，未见安士乐生，恐其久而离散。已令都指挥使潘静、左傅高显，徙顺宁、宜兴州沿边之民，皆入北平州县屯戍……计户万七千二百七十四，口九万三千八百七十八。”（《明太祖实录》卷六二，洪武四年三月乙巳）同年六月，再次从山后迁徙民众，“徙北平山后之民三万五千八百户，一十九万七千二十七口，散处卫府，籍为军者为以粮，籍为民者给田以耕”。同时，“又以沙漠遗民三万二千八百六十户，屯田北平府管内之地。凡置屯二百五十四，开田一千三百四十三顷”（《明太祖实录》卷六六，洪武四年六月戊申。“山后”，大致位于今山西、河北两省内外长城间地区。按词典网、互动百科、百度百科的解释，基本如出一辙）。五代梁初刘仁恭据卢龙（今河北省太行山北端、军都山迤北地区），置山后八军以防御契丹。至石敬瑭割幽、蓟十六州于契丹后，便有了山后四州的名目。北宋末年所称山后，曾预将山后云中一府，武、应、朔、蔚、奉圣、归化、儒、妫八州之地置云中府路。洪武五年（1372）七月，“革妫川、宜兴、兴、云四州，徙其民于北平附近州县屯田”（《明太祖实录》卷七五，洪武五年七月戊辰）。

前后几次移民数量即达85900余户。针对明初河北等地荒败境况，明朝也从山西迁徙大量人口到此垦种。洪武二十一年（1388），户部郎中刘九皋奏称，“古者狭乡之民迁于宽乡，盖欲地不失利，民有恒业。今河北诸处，自兵后田多荒芜，居民鲜少。山东、西之民，自入国朝，生齿日繁，宜令分丁徙居宽闲之地，开种田亩，如此则国赋增而民生遂矣”，自此朱元璋下令“迁山西泽、潞二州民之无田者，往彰德、真定、临清、归德、太康诸处闲旷之地”（《明太祖实录》卷一九三，洪武二十一年八月癸丑）。

建文四年（1402）八月，大量因战争逃亡的民人也纷纷返回故土，“直隶淮安及北平、永平、河间诸郡，避兵流移复业者凡七万一千三百余户”（《明成祖实录》卷一一，洪武三十五年八月丁丑）。同时为鼓励民众回乡，明朝廷命户部遣官“核实山西太原、平阳二府，泽、潞、辽、沁、汾五州，丁多田少及无田之家，分其丁口以实北平各府州县。仍户给钞，使置牛具子种，五年后征其税”（《明成祖实录》卷一二，洪武三十五年九月乙未）。

为充实地区人口，明朝还将部分军籍人口转为平民从事耕种，建文四年（1402）十二月，户部尚书掌北平布政司事郭资奏称“北平、保定、水平三府之民，初以垛集，充军随征。有功者已在爵赏中矣，其力弱守城者病亡相继，辄取户丁补役。故民人衰耗，甚至户绝，田土荒芜。今宜令在伍者籍记其名，放还耕种，俟有警急，仍复征用。其幼小纪录者，乞削其军籍，俾应民差”（《明成祖实录》卷一五，洪武三十五年十二月壬申）。

永乐二年、三年（1404、1405），均由山西迁徙大量人口进入北京，“徙山西太原、平阳、泽、潞、辽、沁、汾民万户实北京”（《明成祖实录》卷三四，永乐二年九月丁卯；卷四六，永乐三年九月丁巳）。永乐四年（1406）正月，“湖广、山西、山东等郡县吏李懋等二百十四人言愿为民北京。命户部给道里费遣之”（《明成祖实录》卷五〇，永乐四年正月乙未）。永乐五年（1407），“命户部徙山西之平阳、泽、潞，山东之登莱等府州民五千户，隶上林苑监牧养栽种户，给路费钞一百锭，口粮二斗”（《明成祖实录》卷六七，永乐五年五月乙卯）。此后，嘉靖年间也曾“取山西平阳泽、潞之民充之，使番育树艺，以供上用品物”（《明世宗实录》卷一四，嘉靖元年五月丁未）。

如史籍所载，永乐年间的数次移民，其来源亦有罪人——“定罪囚于北京为民种田例。其余有罪皆免，免杖编成里甲，并妻子发北京、永平等府州县为民种田”；还有身怀技术的人——“从山西之平阳、泽、潞等府州五千户隶上林范监牧养栽种”。今天的采育镇，仍以葡萄等瓜果蔬菜知名，历史的遗风余绪犹存。长子营镇的很多村子里流传着一句农谚：“头伏萝卜二伏菜，三伏还能落荞麦。”三伏天之后种荞麦的习惯也与山西有着密不可分的关系。此外，还有行商之人。据当地人说，过去村里有一种大木轮子的小车，推起来吱吱呀呀的，俗称“叫蚂蚱”，当年的移民就有人推着这种车，车上或者肩上会搭一个“捎马子”（北京叫“褡裢”）。这种叫法在晋商云集的晋中地区非常普遍，走西口的商人以及当年的驼队，人人都有一个“捎马子”，用来装随身的物品。

第四节 冲积平原的滋养哺育

冲积扇是河流出山口处的扇形堆积体。当河流流出谷口时，摆脱了侧向约束，其携带物质便铺散沉积下来。冲积扇平面上呈扇形，扇顶伸向谷口，立体上大致呈半埋藏的锥形，因此是以山麓谷口为顶点，向开阔低地展布的河流堆积扇状地貌。

冲积扇是冲积平原的一部分，规模大小不等，从数百平方米至数百平方公里。广义的冲积扇包括在干旱区或半干旱区河流出山口处的扇形堆积体，即洪积扇；狭义的冲积扇仅指湿润区较长大河流出山口处的扇状堆积体，不包括洪积扇。

永定河裹挟着上游从黄土高原带来的肥沃泥土，在太行山余脉的崇山峻岭之间左冲右突，冲出山口形成了面积巨大的洪积冲积扇，北起北京市海淀区清河一带，南至大兴区黄村一带。在北京地区的五大河中，永定河的含沙量是最高的，比其他的河流，如潮白河、温榆河、蓟运河、大清河要高很多。

在永定河冲积扇的边缘，分布着众多的泉和湖泊，时过境迁，这些泉和湖泊多已消失。大兴地区的河湖水系对北京城市生态环境有重要影响，如泉水与湖泊减少，会导致调节气候的功能降低，调节径流的功能降低，蓄洪防旱功能降低，保护生物多样性的功能降低，降解污染物的能力降低，旅游、休憩场所减小，城市热岛效应加剧以及美化城市功能下降等。因此，加强流域的综合治理，有效实施生态环境的保护办法就显得尤为重要，包括协调生产、生活、生态用水，减少对地下水的开采，加强中上游山区的植被恢复和保护，营建湿地公园，增加现有湖泊面积，通过调水等工程措施增加现有泉水和湖泊的水量，健全湿地保护体制和保护规划，增加公众保护泉水和湖泊的意识，严格控制水体污染，防止水体富营养化，严禁填

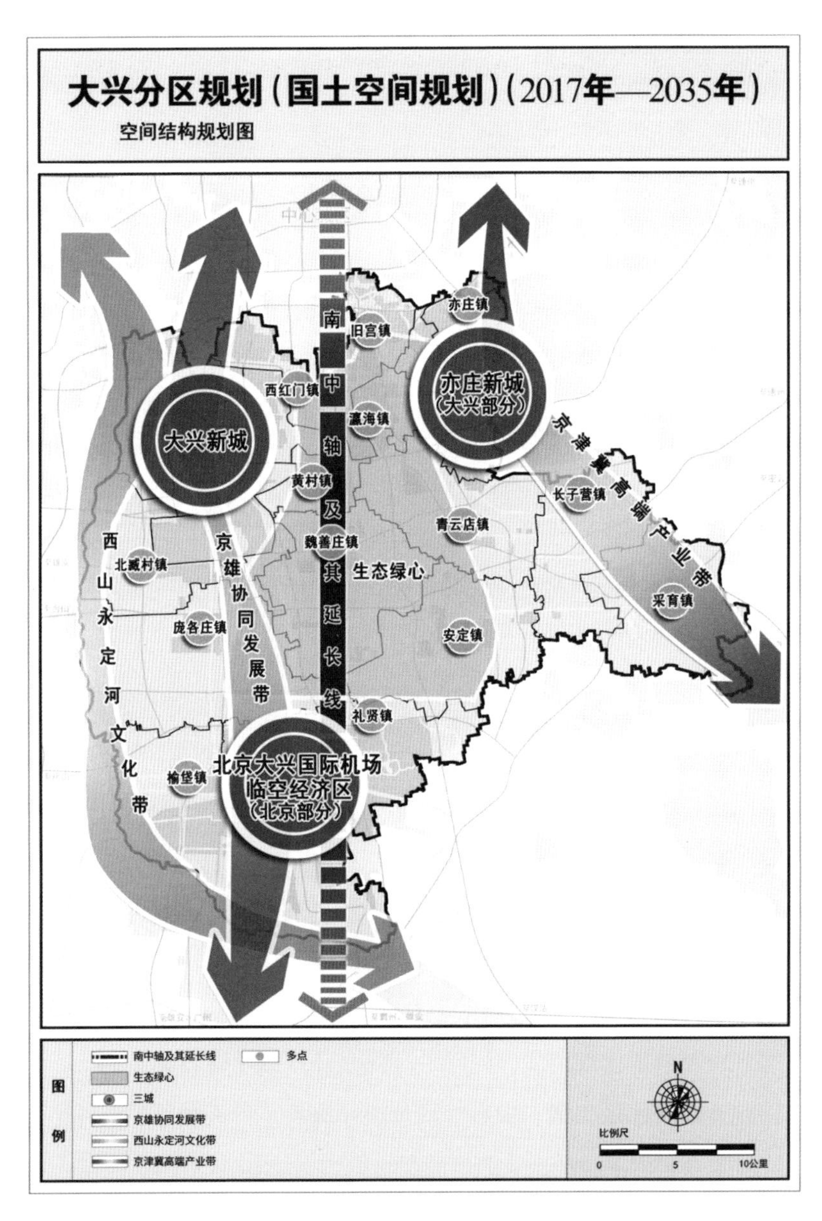

大兴区“一轴、两廊、两带、多点”城市服务功能组织示意图

大兴念坛公园

湖造地，减少对入湖河流的引水等。

大兴历史上成为京都“菜篮子”是必然的逻辑。永定河带来的泥沙和淤地，增加了下游广大地区的土壤肥力。当时人们把淤地称为“铺金地”。在漫长的岁月里，永定河浸透了其下游的大片土地，藉凉水河、大兴灌渠等支流，永定水滋润着大兴这片神奇的土地。

从地貌特征上看，它属于华北地层区，地势较为平坦，西北高东南低而微倾，因受古漯河和无定河摆动及现代永定河泛溢的影响，形成了比较复杂的地貌类型，概括起来全境可分为三部分：北部属于永定河洪冲积扇下缘泉线及扇缘洼地；东部凤河沿岸地势较高，为冲积平原带状微高地；西部、西南部为永定河洪冲积形成的条状沙带，东南部沙带尚存少量风积沙丘，西部沿永定河一线属现代沙漠滩，自北而南沉积物质由粗变细，堤外缘洼地多盐碱土。土壤情形比较一致：近河多沙壤土，向东南由粗变细，沙壤土、轻壤土与地势坡向呈一致的带状分布，北部至东部区域土壤熟化程度高，土质好，比较肥沃，宜农作物和植物生长。土壤的总特点是薄、碱、沙、洼，土壤结构差，有机质含量低，碳酸钙含量高。土壤内部水、肥、气、热等因素比较协调，同时，区内光热资源丰富，无霜期长，这些资源特点为发展西瓜、梨、甘薯等特色农业提供了得天独厚的条件，形成了独特的“永定河下游沙地农业生态系统”。

气候属暖温带半湿润大陆性季风气候，春、夏、秋、冬四季分明，年平均气温为11.6℃，年平均降水量556毫米。光热资源丰富，雨热同季，成为发展农业生产的有利条件。

大兴区农业历史悠久，据有关资料记载，公元前216年，秦令“黔首自实田”，蓟农得以申报土地，缴纳赋税，获得耕地。魏齐王（250）开挖车箱渠，利民种稻。魏文帝时，视农垦为大事，授大兴人徐邈为典农中郎将，劝导务农治绩显著。

现在大兴东南部的长子营、采育镇，从辽代始，历金元明清，一直为上林苑监官署辖管的京师“菜篮子”“米袋子”。辽开泰元年（1012），析津府内有采魏院（今采育），辽太平六年（1026），采魏院在南京道析津辖区内（见《北京历史地图册》所标注），元至元二十一年（1284），采魏院改称采魏里，在东安州辖内，明永乐五年（1407）改上林苑，为上林苑监。《大明会典》言，上林苑监“用北京效（应为郊）顺人役充，不久又于山西平阳、泽、潞三府州起拨民”。明洪熙元年（1425），以良牧、林蘅二署并入蕃育署，计营五十八，有“鹅鸭城”之称。清康熙三十七年（1698）裁撤上林苑监及良牧、蕃育二署，蕃育署遂废圮，但采育仍以畿辅首镇而闻名京师。在区域管辖和地理位置上，在清代前期属安次县，称采魏里。《天府广记》称“采育乃古安次县采魏里也。明初为上林苑，改名蕃育署，而人呼采育，和新旧而名之也”。

以南海子为重心的南苑地区（包括大兴整个凤河流域），面积达到200多平方公里，长期作为皇家苑囿，历辽、金、元、明、清五朝，在长达七八百年的时间里，这片以森林、湖泊、草原、流泉为主的广大区域内湿地养育了京城的“菜篮子”“米袋子”工程，见证了大兴的生态大变迁，昔日的繁华富丽也受到当代人的关注。据光明网数据新闻工作室2019年9月12日0时至12月12日11时统计显示，相关话题讨论量达2.2万余条。“南海子是古人合理利用湿地的样本，具有完整的湿地生态链条，形成了完整的生态结构。”（《京南“古苑囿”焕发文化新活力》，《光明日报》2019年12月19日07版）

第五节 生态修复的时代进程

大兴位于永定河东岸和北岸，地处华北平原北部，是永定河冲积扇造就的小平原。既有永定河文化带突出的农耕文化特点，也有南海子皇家苑囿文化基因。农耕文化中生态文化和皇家文化中的生态文化观念形成了大兴独特的传统生态文化体系，多处出土文物体现了传统朴素的农耕文化中天人合一的生态文化特点。

永定河因其含沙量大，素有“小黄河”之称，受历史上泛滥决口影响，形成大兴区 60% 以上的沙化土地。新中国成立初期，大兴区林木覆盖率仅 0.8%，风沙、盐碱、旱涝等自然灾害频繁。农业结构单一，以种植业为主。20 世纪 70 年代开始，大兴区经过植树造林，生态环境逐渐向优良开放转化。

一、农与耕，一方土地的千年印象

永定河所造就的洪积冲积扇平原，为北京城的形成和发展提供了优越的地域空间和水土条件。永定河中上游流域的森林为北京地区的生态环境提供了必要的保障，大西山群峰连缀，层峦叠嶂，蜿蜒起伏，气势磅礴，是北京的绿色屏障。群山中林木苍翠，溪流淙淙，水清木华。早期河道曾作为中原通往北方的物资运输通道，金、元、明、清时期永定河水曾助力北运河，为北京漕运发挥过重要作用。

永定河跨越黄土高原与华北平原，途经畜牧与农耕广阔的区域。在大兴区境内，永定河全长55公里，先后流经黄村镇、北臧村镇、庞各庄镇和榆垡镇，流域周边保存着丰富的历史遗迹、非遗文化，拥有丰富的农耕文明，为华夏历史谱写了底蕴厚重的一笔。

大兴区作为京津冀产业带的重要节点，是典型的永定河流域沙地农业生态系统，保存相对完整的农耕民俗文化和重要的农业生产系统，又具有重要的文化和景观资源。大兴利用农业文化遗产地生态环境良好、农作物品种独特、耕作方式传统以及民族文化深厚等优势，发展出了特色鲜明的地域生态经济。

二、曾经的生产生活方式定格

素有“京南门户”“天下首邑”之称的大兴有自京都通往南方各地的驿道、御道过境，清末还形成了两条官马大道。县境最南端的十里铺渡口，在当时是永定河著名的津渡之一。

每一寸遗迹都是人与这片土地的生态故事。

（一）文物与壁画，一个农耕发展的时代

在大兴城区的西北部边缘的三合庄村，2014年10月发现了一个大型古墓群，它跨越了上千年的历史——从东汉到辽金时期，墓葬75座，其中很多墓葬保存完好，出土了陶器、瓷器、漆器等陪葬物品。古墓群延续时间之长、年代跨度之大、墓葬数量之多、墓葬形制种类和保存之完好，为近年来北京地区所罕见。

在这个古墓群中，各个朝代的墓葬呈现出不同的时代特点，距今约两千年的东汉墓葬年代最久远、布局最简单。这片古代墓群之所以得以较好地保留，很大程度上与永定河在历史上多次泛滥、墓地被淤泥覆盖有关。

出土的文物也揭示着北京地区多个历史时期的人文风貌。从出土文物中可以看到很多的装饰，反映了当地居民生活方式的变化。通过发掘辽代墓，从其壁画的颜色和内容呈现出当时的社会生活面貌，表现出当地朴素的农耕生态文化。

墓葬的文化因素是这一地区历史上民族间彼此交流、融合、学习的结果，是与历史上北京地区长期处于汉族、少数民族杂居的社会现实分不开的。

（二）团河苑囿，一个曾经秀丽的庄园

团河行宫遗址地处南海子南端，建于乾隆四十二年（1777），面积为27公顷，水面4公顷，分为东、西两湖，湖东南为宫殿建筑，湖北为园林建筑，有璇源堂、涵道斋、归云岫等八景，史称“团河八景”，是南海子四座行宫中唯一保存下来的行宫，也是北京地区最大的一座行宫。

这里不仅是皇帝休闲、打猎、娱乐之处，而且是皇帝理政的地方。它是乾隆皇帝致力于满汉文化融合、与王公大臣研习汉文化的重要场所。这些建筑集中了我国南北方园林的艺术特点，既有北方的粗犷，又表现江南苏杭风光的秀丽，二者浑然一体，可称融洽南北造园艺术的杰作。

团河行宫于1984年修复。

（三）永定河神祠，一个风调雨顺的期许

大兴区有两个赵村，这里说的是西部庞各庄镇的赵村。这里的土壤为潮沙地和二合土，导热性能强，春天地温回升早，白天吸热迅速，形成土质好、温差大的特性。华北的气候和本地的土壤使这里成为著名的梨乡。当梨花盛开的时候，这里便是一片白色的海洋。

赵村紧邻永定河。永定河在村南决口多次，使这里留下了许多治河的故事，也留下了永定河神祠，它位于赵村南永定河大堤下，俗称龙王庙，这里的永定河段称为二工河。另有一座永定河神庙，俗称大王庙。

明、清的时候，永定河泛滥频繁，朝廷多次疏浚河道，加固堤坝。为根治永定河，康熙三十七年（1698）曾在河南岸修筑“千里长堤”，但河水含沙量高，河床淤积的症结依然无法解决。乾隆三十五年（1770），旱后大雨频繁，乾隆皇帝命工部侍郎德成和直隶总督杨建璋两位重臣克期堵口，加筑新堤。乾隆三十六年春夏大旱，乾隆下旨立即堵好决口，在这里建祠祭祀河神，祈祷河神保佑大众免受洪水的灾害。乾隆三十八年，神祠建成。阳春三月，乾隆亲检神祠，并为神祠题诗和楹联。河神祠的石碑，记录了永定河给人民带来灾难的历史。

（四）南红门行宫，河工的见证

南红门行宫，俗称南宫，位于大兴区瀛海镇南宫村路西，是南苑的四大行宫之一（其他三个是新衙门行宫、旧衙门行宫、团河行宫），现已无存。《日下旧闻考》卷七十五《国朝苑囿南苑二》记载，南红门行宫为清朝皇帝在南苑晾鹰台大阅时的驻跸处。康熙帝、乾隆帝等皇帝巡幸畿甸、阅视永定河工时，多在此驻跸。

清朝光绪二十六年八月（1900），义和团与八国联军交战时，焚毁南红门行宫。

三、生态修复是大自然的“还原剂”

人与自然的关系目前基本有四个时期：第一时期是相互依存，第二时期是征服，第三时期是掠夺，第四时期则是和谐。当掠夺式的开发难以为继时，人与自然的关系就进入了一个新的境界——人类追求与自然和谐相处，也就进入了生态修复新阶段。

生态修复涉及生态恢复、生态修复、生态重建、生态改建、生态改良。虽说法有别，但都具有“恢复和发展”的含义，大兴的实践历程体现为：

（一）“水陆空”同步修复

大兴是北京南大门，受地理条件影响，风速减缓，南下北上的污染物在此汇聚。2016 年度 PM2.5 年均浓度 89 微克 / 立方米，因地处平原，污染物扩散条件差，进京车辆多、建筑工地多、散乱污企业多，污染物易聚难散，空气质量昔日在北京排名倒数第一，治理难度全市“首屈一指”。

改革开放初期，地处郊区的大兴村村点火、户户冒烟，各村镇发展乡镇企业、建设工业大院，成为“乱污”企业聚居之所。大兴下决心清理“散乱污”企业，以高科技园区取代工业大院。到 2017 年底，已基本实现六环以北工业大院清零。从 2017 年起，大兴区开始执行北京市制定的“世界最严”锅炉排放标准，新建锅炉氮氧化物排放限值 30 毫克 / 立方米。

2017 年是大兴区空气治理的关键一年，大兴以超常规的状态实施超常规的大气污染治理。打好首都蓝天保卫战，既是重大民生工程，更是贯彻落实党的十九大精神的重要政治任务。大兴区上下全力以赴打好大气治理攻坚战，2017 年 PM2.5 年均浓度 61 微克 / 立方米，圆满完成年均浓度 65 微克 / 立方米的目标任务，同比下降 31.5%，降幅居全市第一,一举摘掉了北京市“空气质量最差”的帽子。

碧水保卫战行动计划，涉及保卫碧水的具体举措，按照计划，大兴新城地区基本实现污水处理设施全覆盖、污水全收集全处理，全区污水处理率达到 90%。

打好净土保卫战行动计划的基本目标是使全区土壤环境质量总体保持稳定，建设用地和农用地土壤环境安全得到基本保障，土壤环境风险得到基本管控：

确保本区内受污染耕地安全利用率、污染地块安全利用率达到 90% 以上。强化土壤污染源头管控，按照国家《环境影响评价技术导则土壤环境（试行）》要求，自 2019 年 7 月 1 日起，完善环境影响评价审查制度，建设项目开展项目用地土壤和地下水环境现状调查和环境影响评价，将土壤状况纳入建设项目环评内容。

制订化肥农药减量年度工作方案，合理引导高品质有机肥施用，推行测土配方施肥、生物物理防治病虫害等技术。全区农作物病虫统防统治覆盖率达到 40% 以上，化肥利用率提高到 40% 以上，农药利用率提高到 44% 以上，测土配方施肥技术推广覆盖率提高到 95% 以上。同时，开展农药包装废弃物、农用薄膜回收综合处理。

落实市级部门制定的非正规垃圾堆放点年度整治清单，完成清单内非正规垃圾堆放点整治工作。

制定本区土壤污染重点监管单位名录，向社会公开并适时更新。报所在区生态环境、经信、安监部门备案。

区规划自然资源分局、区生态环境局督促土壤污染重点监管单位在生产经营用地的用途变更或土地使用权收回前，开展土壤污染状况调查，并将报告报送区规划自然资源部门、生态环境部门备案。

区生态环境局、区经信局、区卫生健康委、区城管委、区交通局对危险废物收集、贮存、转移、利用及处置行为实施全过程监管；各行业主管部门按照“管发展、管生产、管行业必须管环保”的原则，落实行业管理责任。按照北京市工业固体废物堆存场所环境整治方案要求，完善堆存场所“三防”（防扬散、防流失、防渗漏）设施建设，切实防范污染土壤。

区生态环境局对 50% 以上的重金属重点排污单位，开展强制性清洁生产审核，强化重金属污染全过程控制，进一步降低重金属排放量；按照国家统一部署，逐步将重金属纳入排污许可证管理。严格限制新、改、扩建涉重金属重点行业建设项目。

（二）严控建设用地环境风险

区生态环境局督促疑似污染地块的土壤污染责任人、土地使用权人进行土壤污染状况调查，调查报告应报区生态环境部门，同时上传全国污染地块土壤环境管理系统。建立建设用地土壤污染状况调查报告评审机制，区生态环境部门会同相关部门组织对调查报告评审，加强土壤污染风险地块环境管理。对土壤污染状况调查报告评审表明污染物含量超过土壤污染风险管控标准的建设用地地块，督促土壤污染责任人、土地使用权人进行土壤污染风险评估，将土壤污染风险评估报告报市生态环境部门。

区生态环境局督促建设用地土壤污染风险管控和修复名录中的土壤污染责任人应当编制修复方案，报区生态环境部门备案。在修复工程实施期间，需转运污染土壤的，相关责任单位应将运输时间、方式、线路和污染土壤数量、去向、最终处置措施等，提前向所在地和接收地的区生态环境部门报告。加强二次污染防控的监督检查，对污染土壤的转运依法严格管理。风险管控、修复活动完成后，土壤污染责任人应当另行委托有关单位对风险管控效果、修复效果进行评估，并将效果评估报告报区生态环境部门备案；对达到土壤污染风险评估报告确定的风险管控、修复目标的建设用地地块，土壤污染责任人、土地使用权人，可向市生态环境部门申请移出建设用地土壤污染风险管控和修复名录。

污染地块未经治理或者治理未达到风险管控、修复目标的，禁止开工建设任何与风险管控、修复无关的项目；相关部门不予批准选址涉及该污染地块的建设工程规划许可证、建筑工程施工许可证、建设项目环评文件。

区规划自然资源分局在编制分区规划、控制性详细规划等相关规划时，应充分考虑污染地块的环境风险，合理确定土地用途，并书面征求区生态环境部门意见。

区规划自然资源分局完善土地使用权收回、土地用途变更审查等环节的部门信息共享和监管机制，防范土壤污染风险，将本级审批的事项推送区生态环境部门。收回疑似污染地块时，督促土地使用权人委托第三方开展土壤污染状况调查；已收回土地使用权的，由土地收储部门组织实施土壤污染风险管控和修复。

区城指中心将疑似污染地块名单、建设用地土壤风险管控和修复名录，纳入网格化城市管理平台。发现在疑似污染地块、污染地块实施开发建设活动的，应及时通报区生态环境部门调查处理。

区生态环境局建立土壤污染防治通报响应机制，对通报情况及时调查处理，立行立改、开展整治，并对整治效果开展再督查、回头看。

确定暂不开发利用的污染地块，制订风险管控年度计划，督促相关责任主体按照“一地一策”原则编制方案并组织实施。

（三）实施农用地分类管理

区农业农村局根据本市农用地土壤污染状况调查结果，建立农用地土壤环境质量分类清单，将农用地划分为优先保护类、安全利用类和严格管控类。

区规划自然资源分局、区生态环境局依法将符合条件的优先保护类耕地划为永久基本农田，实行严格保护。加强对永久基本农田集中区域管理，禁止新建可能造成土壤污染的建设项目，已经建成的责令限期关闭拆除。

区农业农村局对安全利用类耕地，采取农艺调控、替代种植等措施，组织编制耕地安全利用方案，阻断或减少污染物进入农作物食用部分。开展土壤和农产品质量协同检测，保障农产品质量安全。区农业农村局对严格管控类耕地，要依法划定特定农产品禁止生产区域，严禁种植食用农产品，制订种植结构调整或退耕还林还草计划，并组织实施；对威胁地下水、饮用水水源安全的，要制订环境风险管控方案，落实有关措施。

区生态环境局完成16个镇级集中式饮用水水源地土壤环境状况调查。同时，制定了保障措施，组织开展土壤污染防治宣传和政策解读，普及相关知识，增强公众对土壤环境的保护意识；组织开展土壤环境重点监管企业、污染地块负责人培训，强化污染源头管控和土壤环境保护意识。鼓励公众及时发现和反映涉及土壤的违法行为，支持社会组织、志愿者等有序参与土壤环境治理。

（四）修复恢复绿水青山

1. 南海子地区生态修复

曾经是元、明、清三代皇家苑囿的南海子，即南苑，总面积约216平方公里。南海子公园建设遵循“保护优先，积极治理，加大自然生态系统的保护和恢复力度，维护区域生态功能”的原则，利用南海子地区原有的皇家苑囿、麋鹿保护区、自然湿地等资源优势，充分发掘其文化内涵，重点建设湿地景观、皇家文化、麋鹿保护、生态休闲、农耕体验五大功能区，丰富首都北京的文化内涵。

——垃圾无害化与资源化处理。该地区有大量的垃圾填埋坑，把大量垃圾从坑体挖出后，垃圾粉碎造山，之后引入经过处理的再生水，在水体内放养各种鱼类等水生动物，在不同水域栽种香蒲、芦苇、荷花等挺水性、浮水性和沉水性水生植物，吸引野生动物来此栖息，形成完备的生态圈。

——粉碎建筑垃圾石料“造山”。建筑废料按照规格进行打碎、分拣。根据不同规格分别使用。作为填充物，打碎后的垃圾可分三个等级：一级，直径20厘米以上的，用于堆山填充物；二级，直径10厘米至20厘米，用于公园路基建设；三级，直径10厘米以下的，用于园中路填充物、绿地甬路、人行道石子等。

生活垃圾也将被利用起来。把这些垃圾挖掘出来，与土壤一起混合铺设，以此增加土壤肥力，利于栽种植物的生长。

——“五海”复生，重现京南水系。二期工程和三期工程各建两个海子，互联互通。三年时间，“五海”复现，因地制宜，变废为宝，大小湖泊遍布，水道纵横，从水中，到陆地，再到山体，芦苇荡漾，绿树环绕，遍地皆绿，野生动物自由栖息。恢复后的“五海子”，水面550亩，平均水深有2~3米，绿化面积达到1700多亩。曾经的皇家苑囿、“垃圾坑”，已成为没有围墙的万亩郊野公园。

2. 新凤河生态修复

新凤河流域综合治理工程大兴新城段，经过治理，这条河从过去的“蚊子河”变身天然氧吧。

新凤河属北运河水系凉水河支流，位于大兴区西北部，南五环、南六环之间，横跨大兴新城、亦庄新城，于通州区汇入凉水河。新凤河流域面积166平方公里，其中一级支流7条，二级支流14条。

新凤河流域综合治理包括河道综合治理、湿地建设、水系连通、岸坡绿化等一系列内容。对河道进行生态修复，包括新凤河干流、老凤河、南苑灌渠等8条支流，新增湿地23公顷、景观绿化176公顷、滨水步道24公里，疏挖整治凉凤灌渠、安南支流、瀛北支流。

治理过程中重在保障湿地净化效果，优化填料构成，减少湿地堵塞，适当调减水生植物种植密度，为植物自然生长预留空间。取消河道边坡硬质护砌，提升河道生态效果，减少挖填土方和路面恢复面积，优先采用自然景观方案，降低工程投资的同时突出生态自然理念。

新凤河流域综合治理工程是保障新凤河入流通州断面水质达标、提升大兴及亦庄新城水环境品质的重要措施。项目完工后，除了肉眼可见的“水清岸绿”，还有“润物无声”的效果。

新凤河流域河道生态修复依托流域水系，打造连通大兴新城、亦庄新城的生态廊道，提升沿线生态环境品质，进一步完善新城生态格局。

第六节
新生态，大兴的“色号”——绿

早在2007年，由于生态环境、大气治理成绩显著，大兴区就已经成为国家第五批生态示范区。

大兴区基于“一轴、一苑、三城、三带、多点”的地理空间结构，打造“一轴一苑、一环两带、多廊多园”的绿色生态空间，打造绿色南中轴、生态新都苑，临空经济区绿色生态环、永定河生态文化带、东南部绿色生态带，以及区域绿色生态廊道、全区多元绿色空间节点，并通过构建完善南中轴、永定河和凤河三条文化发展带更好地进行本地区的文化传承，以历史文化资源保护和生态环境建设，树立大国首都门户形象，提升文化和国际交往功能。

北京大兴国际机场在“2018年北京市绿色建筑发展交流会”上，正式获颁“北京市绿色生态示范区”称号，标志着北京大兴国际机场绿色建设

《绿染京南》（潘清泉 供图）

整体达到了北京市领先水平，是北京大兴国际机场持续开展绿色机场建设工作的重要成就。同时，北京大兴国际机场还将申报并争创国家绿色生态示范区，全力打造具有世界一流水平的绿色新国门。

一、“一轴一心三城三带多点”的地理空间结构

《大兴分区规划（国土空间规划）（2017年—2035年）》提出了大兴未来生态化发展的目标，即构建具有大兴特色的“一轴、一心、三城、三带、多点”空间结构，落实全市城市战略定位和“一核一主一副、两轴多点一区”的城市空间结构。

“一轴”为南中轴及其延长线，是体现大国首都文化自信的重点地区，是大兴区未来发展的统领。它注重生态景观塑造与文化、国际交往等功能的引入，并为重大项目做好预留；依托北京大兴国际机场，丰富国际交往功能内涵，重点发展与首都文化中心及国际交往中心定位相匹配的数字创意、文化艺术、国际商务、高端生活服务业等产业。

“一心”为生态“绿心”，是塑造大兴区及北京南部地区生态景观的核心要素。它延续历史苑圈格局，结合森林、湿地、农田等绿色空间，形成林田水居、多元融合的生态“绿心”。探索优化空间管控制度，整合现有资源，通过南中轴森林公园、团河行宫遗址公园、南海子公园等绿色空间建设，塑造舒朗有致的京南生态新都苑。

“三城”为大兴新城、亦庄新城（大兴部分）、北京大兴国际机场临空经济区（北京部分），是大兴区在全市独一无二的空间结构特色所在，应结合各自优势确定功能定位，在实现协同发展的基础上充分发挥其统筹引领作用。大兴区未来的发展将“大兴新城——亦庄新城”双城独立格局，转变为“大兴新城——亦庄新城——临空经济区”两城一区的新格局，“两城”借力临空经济区的发展优势，三者形成合力，为城市的未来发展奠定更坚实的基础。

“三带”为永定河生态文化发展带、京津冀高端产业带、京雄协同发展

带。永定河生态文化发展带为永定河大兴段及沿线区域，以生态保护与文化传承为前提，重点修复永定河生态功能，形成和谐宜居的文化生态休闲之所和京南重要的生态廊道。京津冀高端产业带为北京经济技术开发区至天津的京津冀区域引领型高端产业带，打造功能协同、分工高效、港城融合、资本便捷流通的高端产业带。京雄协同发展带为京雄高铁及京开高速沿线地区，是北京市对接服务河北雄安新区的重要发展带。集中承载高标准多样化的生活配套服务、科技成果转化和国际交往功能，形成北京与河北雄安新区资源要素集聚与流通的活力带。

“多点”为“三城”外围的各镇，即构建大兴新城、亦庄新城（大兴部分）、北京大兴国际机场临空经济区（北京部分）三大区域发展板块，实施以城带镇的特色化发展。

二、“一轴、一苑、一环、两带、多廊多园”的绿色空间结构

按照北京城市总体规划，大兴区加强生态环境建设，构建以南中轴为轴心，规划“一轴一苑、一环两带、多廊多园”生态格局，打造首都面向世界的生态绿色空间结构。

“一轴”为南中轴延长线，绿色南中轴，重点在南中轴路沿线打造50 ~ 200米的景观林带，提升中轴景观风貌。

“一苑”为生态新都苑。在三个新城之间整合构建林苑（森林公园）—田苑（农业观光园）—水苑（河流湿地公园）—镇苑（特色小镇）相互交融的大型绿色生态空间，重塑新时代首都“北园南苑”格局。

“一环”即生态绿环，具体来说为临空经济区森林湿地环。推进环机场区域森林建设，提高片区森林覆盖率和整体生态环境品质，营造森林环绕、大绿大美的绿色国门景观形象。

“两带”指西部永定河生态文化带和东南部森林湿地生态带，形成自然生态与城镇空间相互交融的绿色生态格局。

“多廊多园”即通过整合周边区域发展，从大处着眼，从区域问题着

手，结合绿楔和绿隔建设，打造区域结构性绿色生态空间，完善全区绿色生态核心。

三、绿色南中轴

北京大兴国际机场建设完成后，南中轴将继续往南延伸至永定河边，届时南中轴延长线大兴段将长达35公里，是北京传统中轴线长度的4倍多。其定位是连接北京核心区、城市副中心、首都新机场和雄安新区的重要空间走廊；发展目标是首都新国门、区域新动脉、科创新高地、改革先行区，绿色而高端。

四、生态新都苑

建设生态示范区是实施可持续发展战略的重要举措，是解决当前我国农村生态环境问题、实现区域经济社会与环境保护协调发展的有效途径。经过植树造林工程，大兴区已经形成集中连片、成带连网的绿色空间。2007年1月9日，根据国家环保总局《关于命名第五批“国家级生态示范区的决定”》（环发［2007］5号），大兴区获得了国家级生态示范区的称号。这标志着大兴区生态文化发展的基色从此定调。

第三章　绿色屏障架起生态绵廊

“生态兴则文明兴，生态衰则文明衰。”多年来，大兴区大力推进全域生态文明建设，追求人与自然的和谐共生，树立生态环境保护大局观、长远观、整体观，力求构建重视生态价值的世界观和方法论，积极进行生态修复，厚植青山绿水家底，在更高的层面上抢占了生态文化建设的制高点，群众在“绿色之变”中逐步实现了“富足之变”。

《人民网》报道，2012 年至 2018 年，大兴区共建设生态林面积约 26 万亩，其中机场周边新增造林 15 万亩。截至 2018 年年底，大兴区森林面积达 45.86 万亩，森林覆盖率达到 29.5%，城市绿化覆盖率达到 45.6%。从 2019 年起，大兴区完成包括新机场高速、京开高速、京台高速、南五环路、南六环路五大绿色廊道建设；开展黄村西片区、庞各庄及魏善庄三大城市森林建设；推进黄村镇狼垡城市森林公园、西红门城市生态休闲公园、旧宫镇城市森林公园三大森林公园建设。新增造林 3.28 万亩。同时，在北京大兴国际机场周边、永兴河绿色通道及平原重点区域，通过填空造林、加宽加厚、填平补齐等多种形式，不断提高全区绿色资源总量。

第一节 从风沙肆虐走向绿海田园

历史上由于自然生态环境比较脆弱，水资源短缺、水土流失、山洪泥石流、地下水位下降、风沙危害、农业污染和大气污染等问题，成为大兴人民在生态建设的道路上必须跨越的头等大事。

1987 年底，大兴县提出了大兴经济的“绿甜战略”。1988 年，大兴县第九届人民代表大会第三次会议正式确立形成“绿甜战略”决议，成为大兴县 20 世纪 80 年代后期至 90 年代中期的整体发展战略。绿了生态，富了

《城市森林公园》（胡广文 供图）

生活，就是绿水青山、金山银山发展理念的生动诠释。30 多年来，大兴不断完善森林、草原、湿地生态补偿机制，营造防风固沙林，综合治理开发风沙化土地，完成与之配套的节水工程，实行城市森林化、京郊大地园林化，实现城郊一体，形成一个健全稳定的城郊森林生态系统，使首都成为一个生态环境达到良好水平的现代化园林城市。

一、完善绿化林网体系

大兴区作为首都的重要组成部分，主动完善绿化林网体系，建设绿色生态屏障。经过几十年坚持不懈的努力，通过实施三北防护林等重点工程，大力开展植树造林、防沙治沙，农林果并举，注重生态经济效益，并对现有林带进行改造，形成稳定、高效的防护林体系，林木覆盖率高，成为首都一条重要的绿色屏障。

大兴区地势西北高东南低，风沙危害十分严重，全区有 60% 的土地沙化，是北京市五大风沙区之一。新中国成立初期，大兴县全县林木覆盖率 0.8%，至 1998 年全县有林面积就已经达到 38.69 万亩，其中片林 8 万亩；

2018 年，大兴森林面积达 45.86 万亩，森林覆盖率达到 29.5%。自 1981 年 8 月大兴县被列为国家“三北”防护林工程建设重点地区之后，生态经济型防护林体系建设有了长足的发展，其建设原则是“网、带、片、点”相结合；农田林网以提高防护效益为主，兼顾主干路、河的绿化和美化；片林、果园相结合，防风固沙，增加收入。

经过开发治理，先后推平境内 3000 多个大沙丘，植树种草，初步形成了以农田防护林为主体，网、带、片、点相结合，田、林、路、井、电相配套的沙区防护林体系。98.5% 的可耕地实现了林网化，防护林网格内种植了农作物、果树、牧草，使裸露的沙丘、荒沙滩变成绿洲，减弱了风沙流，增加了沙质地表的稳定度，风沙危害得到遏制，境内风速比 20 世纪 80 年代降低了 40%，扬沙日减少了 34%。冰雹、干热风等灾害性天气明显减少，有 478 个村庄实现了绿化达标，占村庄总数的 90.9%，并涌现出了一批有较高标准的绿化、美化村镇和花园式单位；城区内园林绿地面积近 480 公顷，人均绿地达 6.32 平方米，绿化覆盖率达 35%。

二、筑起绿化生态屏障

平原农田防护林网建设是首都林业生态工程建设中最重要的措施，不仅有防风固沙、保护农田的作用，还是美化首都、绿化首都的重要手段，也是首都可持续发展的保障。

1987 年，北京市提议在大兴县建一个万亩森林公园，同年 9 月，开始了万亩沙荒地的勘测规划设计工作。万亩森林公园选址在现大兴区榆垡镇，京开路东侧，占地面积 11508 亩。工程共分 4 个大区，分别为乔灌混交林区、针阔混交林区、红叶区、杨树品种区。工程总计造林 6807 亩，栽植杨、柳、槐、椿、桑、侧柏等乔木和紫穗槐、杞柳、沙棘等灌木 200 万株，建绿色围墙 2 万米，修路 7 万米，改造 4400 多亩原有林地，园内开设了防火隔离带。

绿美建设，使老牌的大兴林场发生了新变化。全场有林地面积达

3500 余亩，覆盖压沙功效卓著。通过营造混交林，使用抗旱节水造林技术、改善土壤水肥条件、推广优新造林品种等措施，场区林木在林分质量、木材产量、树种结构、自然御灾能力等方面都有明显的改善。2005 年，大兴区林场充分利用现有资源开展多种经营，经济效益得到明显提升。建成的 300 亩北京市农业标准化生产示范基地果园，通过了有机食品认证。同时充分利用林下土地资源，大力发展林下经济，先后种植食用菌、饲料桑、苜蓿、菊芋等品种，并且进行了畜禽养殖。2008 年，林场开拓思路，治沙工作向可持续发展方向迈进了一步。如今的大兴区林场，已经不单是主打生态效益的国有林场，而是兼顾生态、经济和社会效益的一片绿洲，体现出“21 世纪北京绿色生态建设”的主基调。

大兴区林场治沙造林建起了片片“绿洲”，绿洲繁茂，盛开京南生态文明之花。

半壁店森林公园是北京地区第一个沙地森林公园，位于黄村东南部的半壁店乡（今魏善庄镇）境内，是北京地区最先确定的森林公园。园址为古浑河故道，沙丘叠起。1982 年开始营造片林，当年植树 320 亩，翌年又营造速生丰产林 800 余亩，为国家物资总局义务植树区。1985 年 11 月，市政府决定在此处兴建森林公园，列入“七五”重点建设的七大公园之

半壁店森林公园

一，当时定名为“龙河森林公园”。1988 年 4 月初举行纪念碑揭碑仪式，1989 年被列为北京市郊区旅游景点之一。全园占地 2000 亩，分为密林区、果林区、四季花区、游憩区、垂钓区，公园东部为杨、柳、槐、桑、松、柏等多种树木组成的混交林，西部为桃、杏、苹果、梨为主的百果林。园内植有树木 20 余种，18 万余株。

狼垡城市森林公园与永定河畔形成了绝美的城市森林景观，将沿五环路、京良路、左堤路形成连绵起伏的森林美景，与现有平原造林、大兴西片区城市森林连接成片，为城南、永定河畔建立一道重要的生态屏障，形成万亩以上的大面积城市森林。

长子营湿地公园是北京市规划建设的 15 处重点湿地公园之一，总面积达 53.2 公顷，项目主要建设内容为湿地保护工程、湿地恢复与重建工程、水质改善工程、科研宣教工程、湿地景观工程及基础设施工程。长子营湿地公园的建立，能更好地保护大兴地区的湿地资源。

黄村镇狼垡城市森林公园北邻丰台区，西接房山区。2017 年，这座城市森林公园还是一片散乱污企业，经过 3 年的大力整治，已经变身成为占地 5500 多亩的绿色花园。“绿色、生态、低碳”是当时建设的整体要求，公园从规划、设计到施工，大兴区在拆除腾退过程中，始终坚持因地制宜、就地取材、循环再生的理念，充分利用建筑垃圾资源化处置堆山造景，人工绿化与原有植被融为一体，最大限度地减少环境破坏，提高资源使用效率，形成了一带、四区、十景的空间布局。

平原造林、边角增绿、见缝插绿，是大兴区实现绿色生态蓝图的重要举措。近年来，大兴区围绕“边角增绿，美化家园”的理念，累计实施村庄“五边”绿化 2 万多亩，开展镇村绿地建设 6 万多平方米，平原造林 10 万多亩。多种措施构建起北京市南部绿色生态格局和良好的生态系统，真正做到了“以绿治乱、以绿育景、以绿惠民、以绿润心”。

畅通宽敞的城市干道、错落有致的绿化景观、绿色低碳的生态园林，可谓是步移景换、如诗如画，随处可见的那抹抹绿色已然成为大兴这座新城的主色调。

代征绿地是按照北京市城市总体规划和控制性详细规划要求，在建设项目实施过程中明确由建设用地单位负责征地、征地补偿安置、土地平整，在具备绿化条件后，按照有关规定移交园林绿化部门建设管理的城市绿化用地。大兴区积极开展代征绿地建设，大幅增加了城市中的绿地量，既有景观效益又有生态效益。

森林覆盖率、城市绿地率、人均公园绿地面积的增加，不但能大幅改善空气质量，还为人们提供了更多的出行场所，提高了生活幸福指数。

三、绿色通道建设工程

作为首都南大门，大兴区通过治沙造林，使荒芜多年的土地变成了绿海甜园，过去的风沙危害区变成了拱卫首都北京的绿色屏障，变成了绿色的海洋。绿色为大兴增添了新的生机，绿色为生活和工作在这里的人们营造了良好的生态环境。如今，踏上大兴的土地，映入人们眼帘的一条条绿色通道，景色迷人、养眼养心。

自 2000 年以来，北京先后实施了第一道、第二道绿化隔离地区建设和“五河十路”绿色通道建设工程、平原地区造林工程，生态环境得到持续改善。为保护绿色通道建设成果，宣传爱绿护绿，提高环保意识起到了积极作用。大兴区层层落实责任制，重点实施“五河十路”绿色通道工程，被评为管护优秀单位。

“风来滚沙丘，雨来水横流。”这句民谣是大兴永定河历史上恶劣生态环境的真实写照。永定河在大兴境内全长 56 公里，受历史上泛滥决口的影响，沿线 60% 以上都是沙化土地。20 世纪 70 年代，永定河断流，这里成了北京有名的风沙危害区。大兴区本着“有水则清、无水则绿”的思路，坚持“重在生态、兼顾景观”的理念，在永定河河堤外两公里范围内大面积造林，打造“生态长廊、景观长廊、致富长廊”。经过多年的努力，大兴完成永定河沙荒地造林 3.9 万亩，森林覆盖率达到 60% 以上，“生态长廊、景观长廊、致富长廊”三廊架构初具雏形，新增的绿色长廊串联起沿线的景点和采摘园，形成了一条绿色旅游带。

永定河大兴段界内，原有林地面积约7000亩，2002年以北京市“五河十路”绿化工程为契机，进行创意为“长堤叠翠”的永定河绿色通道建设。绿色通道绿化工程在保证行洪安全的基础上，突出防护作用，体现在防洪固堤、防风固沙、防沙治沙三方面，以乡土树种、亚乔木、灌木的自然式混交与毛白杨、刺槐行间混交共同组成永久性绿化带，形成自然植物群落系统。2012年开始进行北京市平原林工程，在永定河沿线建设“大兴区永定河绿色通道工程”，形成大面积绿化带，进一步改善永定河沿线生态环境，形成绿不断线、景不断链，科学配植、集中连片，异龄复层混交，结构合理的森林绿色长廊景观。

六合庄林场位于北臧村镇与房山区交界的永定河左岸。始建于1959年，现已成为永定河沿线的生态型林场。自1983年实施全民义务植树运动以来，林场成为航天部一分院、航空部303所等单位的义务植树基地，主要任务是安排组织各单位在林场的义务植树活动，并负责技术指导等管理工作。市区政府先后投资数百万元，植树上百万株，林场规模日益扩大。1988年春，为奖励义务植树成果，大兴县人民政府、绿化委员会在六合庄林场为航空航天部立“为国立功，于民兴利”碑。当时六合庄林场范围西起永定河主航道，东至永定河大堤坝下30米处，南到西大营村西大堤公路22公里处，北以铁路为界，占地7320亩。

2000年以来，林场承担了全市城区绿色屏障建设任务，实施了隔离地区建设，陆续建成生态景观林、永定纪念林、劳模世纪林、奥运纪念林等绿地。

经过几十年的发展，林场有林地面积7000余亩，生态、社会效益越发显著，昔日风沙肆虐的永定河故道建成了环境优美的防风屏障，对维护周边地区生态环境、促进周边经济发展、提高生活质量做出了重要贡献。

第二节
打造绿色宜居、低碳和谐的生态环境

绿色大兴、生态大兴，以原生态的朴实，多层次、多角度地向世界展示新国门形象。

以南海子、南中轴延长线、永定河生态建设为代表的新生态，在首都西山永定河文化带上构成了一道生态、文化与科技天然交融的特殊风景，见证了社会变迁的沧桑岁月，昭示了北京历史与现代、文化与生态紧密融合的深厚文脉底蕴。

一、滨河森林公园万亩绿肺

说到大兴区生态建设的成果，新城滨河森林公园是不得不提的绿色明珠。该园是市、区两级重点工程，2010 年启动建设。由于地处大兴新城核心区，滨河森林公园犹如一片绿肺，为新城增添了新的活力。

大兴区新城滨河森林公园面积 8074 亩，公园分南北两个园区，由三部分组成。北区是清源公园、小龙河绿地；南区是念坛公园。南北两园地势起伏，水面开阔，并且可以与城市道路零距离对接。公园突出“以绿色为载体，以水体为灵魂，以文化为背景，以绿色低碳活动为特色”的设计理念，以现有地形为依托，将湿地、湖面、森林的各种景观元素融入公园中，设计大小不同的岛屿及半岛，形成复合多变的空间，营造了具有鲜明森林特色的山水园林景观骨架，形成了清源公园、念坛公园“一河三片，万亩绿肺”的绿地格局。

念坛（李书会 供图）

御林古桑园公园

清源公园以生态保护为主，兼顾适度的开放，将小龙河和周边地块连成一体。整个园区绿化面积4000多亩，占公园总面积的一半以上，种植了各类乔木、花灌木104种，80多万株，在净化空气、降低城镇空气二氧化碳浓度，增加氧气比重、杀菌吸尘、减少噪音、促进气流交换以及避灾防火等方面发挥了其不可替代的作用。

从南大门进入公园，首先映入眼帘的是让人心生苍茫之感的芦苇荡。公园里湿地面积150亩左右，种植的大多是芦苇和梭鱼草，足足露出水面近一人高。公园在施工时设计了伸向芦苇荡中的水泥石阶，从路面下到石阶上，就可以深入芦苇荡了。

念坛公园以植物造景为主，地形改造为辅助，形成了林海寻幽、西溪倩影、幽州台歌、双仪花洲等“念坛十景”，有大片富有野趣的自然空间缓坡，包括丘陵、草地、湖泊、岛屿、密林等，林地内布置具有自然特色的娱乐场地和设施，重点展现林水之韵味，体现深厚大兴文化底蕴，成为一座充满自然神韵、承载大兴传统文化、注重森林生态效益的综合性城市森林水公园。

二、追求纯真质朴的野生动物园

榆垡万亩森林公园位于大兴榆垡镇。园内各种树木以丛状集合的形式栽植，不排行，不列阵，体现了纯真的自然之美。东部是红叶林区。园内建有全国野生动物繁育基地，繁育了一批中国特有的金丝猴、长臂猿、蟒、虎、豹等濒临灭绝的珍稀动物。

以榆垡万亩林为依托的850公顷旅游度假区，已建成平原地区最大的第三代北京野生动物园、万国竞技场、呆呆熊五星级娱乐城、富百禾假日酒店等一批大型休闲旅游场所。

北京野生动物园位于万亩林区的核心，占地17公顷。这里以灵长类、禽类、有蹄类动物为主，有野生动物40余种2000多只，其中，金丝猴、绿尾虹雉、褐马鸡等国家一级保护动物已成为世界最大的人工繁殖种群之

一。中国特有的十余种珍禽、野生雉类动物在这里都能看到。与传统的动物圈养方式不同的是，通过壕沟、树篱、水域等形成自然隔离带，甚至无任何遮挡，以散养、混养及游人进入观赏方式展示野生动物，创造一种返璞归真、回归自然的气息。

根据动物的种类，园区分为中华雉鸡园、羚牛山地生态区、金丝猴家族式景区和散放区以及白马鸡散放园。湿地生态区由雪豹景园、天鹅湖、狐猴岛等构成。还有猕猴山地投喂区、乌苏里貉投喂区、森林有蹄类生态区、澳洲鸵鸟区及灭绝动物墓区。

到了夏天，早晨和傍晚的时候，动物们纷纷走出洞穴，尽情地玩耍。上午的时候，在狐猴岛上有一种非常可爱的小动物——节尾狐猴。节尾狐猴原产于非洲马达加斯加岛，早于人类出现在地球上，被称为动物界的“活化石”。其性温雅，喜清洁，每天都用梳齿和钩爪梳理毛发。天气晴朗时，便正襟危坐，腆着浅白肚皮享受日光浴。

园内分四大景区：乔灌混交林区，面积 117 公顷；针阔混交林区，面积

和谐生态（刘景波 供图）

60 公顷；红叶区，面积 98 公顷；杨树区，面积 170 公顷。主要树种有杨、柳、槐、椿、侧柏、紫穗槐、沙棘、刺槐、苹果、花椒、火炬树等 25 种。

三、南中轴延长线：延展的绿色

南中轴往南延伸至永定河边，延长线大兴段长达 35 公里，是北京传统中轴线长度的 4 倍多。其定位是连接北京核心区、城市副中心、首都新机场和雄安新区的重要空间走廊；发展目标是首都新国门、区域新动脉、科创新高地、改革先行区。

大兴区涵盖北京南部平原地区的多个结构性绿地空间，包括永定河绿楔、南中轴绿楔、二道绿隔郊野公园环、环首都森林湿地环等，对京津冀生态环境协同构建和首都南部绿色发展具有重要意义。未来将通过统筹中部地区的森林、农田等生态要素，形成开合有序、节奏变化的景观序列，重点在南中轴路沿线打造 50~200 米的景观林带，提升中轴景观风貌。规划统筹中

梨花村“南庄鸭梨金把黄”

梨花村照片

心城区、雄安、廊坊、武清、固安等京津冀地区的生态建设，合力推进西部永定河生态文化带、东南部森林湿地生态带的“两带”建设，通过大幅提升全区绿色空间规模总量与生态质量，打通区域大型生态廊带，完善全市结构性绿地，形成自然生态与城镇空间相互交融的总体绿色空间格局。

东部依托凤河、京台高速等过境通道，在亦庄新城和瀛海镇之间，北京市与廊坊、永清县之间建设宽度不小于 1 公里的大型城市生态绿带。

西部依托大兴新城、芦求路等城乡开发边界和区域交通干道，形成长约 60 公里、堤外宽 1 ～ 5 公里的大型生态绿带，以狼垡森林公园、永定河滨河郊野公园等七大绿色空间节点建设为抓手，带动永定河生态走廊总体环境品质提升。

历史上大兴区的森林总量不足、分布不均，尤其是南中轴等重点地区，各镇绿色空间也未成体系。规划通过统筹区域绿色空间格局、重点片区林地建设需求和林地保护规划，结合“留白增绿”、新一轮百万亩造林工程等重点项目，实施规模增绿。

曾经的砂石土场，如今的绿色长廊；过去污水横流，如今低碳绿色。经过几次大规模的平原造林，大兴区已然形成集中连片、成带连网的绿色空间。统计资料表明，2020 年，大兴区以新一轮百万亩造林绿化工程为抓手，围绕构建绿色生态格局、完善绿色生态系统、提升城乡生态品质，全力推进园林绿化创新发展。全区森林覆盖率 30.2%，林木绿化率 32.83%，城市绿化覆盖率 46.89%，公园绿地面积 2739.36 万平方米，人均公园绿地面积 14.51 平方米。大兴通过对黄村镇狼垡城市森林公园、西红门城市生态休闲公园、旧宫镇城市森林公园三大森林公园建设，新机场高速、京开高速、京台高速、南五环路、南六环路五大绿色廊道建设，黄村西片区、庞各庄及魏善庄三大城市森林建设，北京大兴国际机场周边、永兴河绿色通道及平原重点区域，经过填空造林、加宽加厚、填平补齐等多形式，全区绿色资源总量逐年提高。

第三节
推窗见绿　开门见景

大兴区深度实施"十二五""十三五"规划，特别是在2017年以来的三年提速上，全区上下不折不扣地落实"三区一门户"功能定位，着力提高园林绿化管理水平和绿地景观质量。让群众共享绿色之美和休闲之美，达成人与自然和谐相处，是大兴区生态建设的生动实践。以满足居民推窗见绿、开门见景为标准，宜居生态的营造极大地提升了新大兴的美誉度。

这些数据，可以真切地"描摹"出大兴三年来新城公共绿地建设的景象——

从新城绿地面积看，大兴新城园林中心管护绿地总面积由389公顷提高到968公顷，增长148.8%。其中，道路绿地增长126.6%；道路绿地面积增长120.2%；特级养护绿地增长112.5%；一级绿地增长121.4%；二级绿地增长253.8%。

从新城公园数量增幅看，由康庄公园、地铁文化公园、黄村公园、街心公园、团河行宫遗址公园等7个增加到16个，新增了念坛公园、清源公园、滨河公园、金星公园、高米店公园、兴华公园、永兴河湿地公园、九龙口公园、翡翠公园。公园面积由174公顷增加到494.5公顷，增长184.2%。

从公园注册情况来看，截止到2020年初，大兴全区注册公园37个，城市公园绿地2741公顷（折合41100亩），森林覆盖率29.5%，城市绿化覆盖率45.6%，人均公园绿地超过14平方米，公园500米服务半径达到92.7%。按照编制的《大兴分区规划（国土空间规划）

（2017 年—2035 年）》，2035 年大兴区将形成“一轴”即绿色南中轴、“一心”即区域生态绿心、“一环”即临空经济区森林环、“两带”即永定河生态文化带、东南部森林湿地生态带的绿色空间架构；大兴新城规划面积森林覆盖率不低于 35%，建成区人均公园绿地面积服务半径提高到 95%。

这是一个了不起的“飞跃”，是觉悟加义务、政策加技术结出的硕果。

一、“园丁长制”促进新城园林绿化

这一情况具体体现在日常养护、基础设施维护与项目建设、管理人员的素质培养、管理制度的完善等方面。

2019 年，大兴区园林中心正式接管了永兴河湿地公园、滨河体育公园、高米店公园、金星公园、九龙口公园、兴华公园以及新城北区和生物医药基地等道路绿化任务，按照相应等级实施专业化管理。2020 年又正式接管了念坛公园、清源公园两处重点公园，养护面积比以往有了大幅增加。中心结合新城道路、公园绿地管理实际，建立起城区绿化监管网格体系，按照“五定”，即“定区域、定职责、定人员、定任务、定考核”要求，强化所属各单位的领导责任，明确各级区域管理人员，将养护责任落实到单位、公司、具体绿地小班和责任人，逐步实现绿地系统养护管理和绿化考核“一岗双责”的全覆盖。2019 年，中心提出“十强”“五起来”工作理念，为之后做好城区绿化养护工作明确了方向。2020 年初又制订了《园林服务中心“园丁长制”管理实施方案》，为进一步落实精细化管理提供了工作抓手。

二、基础设施维护与项目建设“抓铁留痕”

2017 年，大兴区完成大兴新城环境综合整治工程项目、大兴区夜景照明工程建设项目、兴丰大街、黄村东西大街沿线、清源路沿线等 11 条大街的道路维修以及红楼南巷、红楼西巷、林校路、新源大街等部分路段道路两侧路缘石更换，维修铺装步道砖近万平方米，更换雨污水五防检查井井盖1064座、京开桥下护栏刷漆修复4200米。2018年，完成大兴区夜景照明工程建设项目、兴华大街客车五厂及南延改造工程、接管97条道路绿地，新增绿地面积274万平方米，接管高米店公园、滨河公园、金星公园、天水文化公园等6个公园，新增绿化养护面积104万平方米。2019年，完成生物医药基地东配套区小乐园专项改造、枣林公园仿古亭修缮工程、北区公园园路改造工程、北区公园垃圾桶及座椅改造工程、黄村公园旱湖防渗与景观提升工程、康庄公园庭院改造工程、滨河体育公园景观提升工程，并对地铁文化公园标志性建筑物进行了除锈换新，完成康庄公园主广场周边景观提升工程。

区园林部门通过"管理制度化、养护专业化、考核精细化"，以北京市动态管理考评系统平台为抓手，注重盯着问题找整改、抓治理，完善制度，堵塞"遗漏"。制定了《大兴新城绿化考核工作方案》，邀请镇街和生物医药基地8名政风行风监督员参与辖区园林绿化工作，进行监督考核，其效果不断显现。制定了《大兴区园林服务中心"接诉即办"工作的实施方案》，紧紧围绕市民"七有""五性"需求，坚持问题导向，健全部门联动机制、建立专项治理机制、建立挂账督办机制、健全督导和加强日常考核，持续优化提升市民服务热线"接诉即办"工作，完善基层治理的应急机制、服务群众的响应机制和打通抓落实"最后一公里"的工作机制，让群众身边的事、家门口的事有人办、马上办、能办好。

三、与时间赛跑，补植增绿促进绿化面积增加

大兴区对永兴河湿地公园、滨河公园、金星公园、高米店公园、部分道路绿地进行景观提升，共补植增绿87万平方米。同时，严格落实各项养护措施，确保新栽苗木的成活率。对城区镇街和部门"疏整促"工作后完成绿化的区域，进行后期养护，三年共接收20万平方米的小微绿

地、100 余处的路口渠化绿地、6 条道路林荫慢行系统绿地。2019 年圆满完成保通航新机场自来水干线绿化工程，共移植乔灌木 2600 余株，色带 9800 平方米，草坪地被 18000 平方米。

四、以新中国成立 70 周年为契机促进生态文明建设

精心谋划，节点推进，注重普遍整治与局部提升相结合、日常管护与特养特护相结合，重点区域园林绿化环境保持了良好状态。大兴区以康庄公园为主会场，开展“普天同庆·共筑中国梦”“十园风采、百园荟萃”为主题的国庆游园活动，摆放主题花坛、栽摆花卉、悬挂灯笼、布置彩旗，增加了节日期间的喜庆气氛，多角度地呈现了大兴新城的城市风貌。开展了“礼赞共和国，智慧新生活”全国科普日、“职工万步走”“园林服务暖人心”“月圆京城、情系中华”第二届西山永定河文化带等活动。因地制宜制作宣传栏、宣传横幅、宣传标语等，树立创城主题宣传牌、公益广告处、文明提示牌，营造生态文明氛围。

五、公园服务保障和文明游园蔚成风气

大兴区按照《北京市公园条例》、北京市不文明游园行为清单，强化整治力度，大力开展“文明游园倡议”和“不文明游园行为黑名单”宣传工作。招募社会文明引导员、志愿者参与公园服务保障。重点加强对“挖野菜、踩踏草坪、攀折花木、营火烧烤、携犬入园、伤害动物、乱涂滥刻、野泳垂钓、随地吐痰”等不文明游园行为的劝阻与治理。认真抓好“接诉即办”，强化工作时效，要求做到“未诉先办”。对于立行立改的案件，做到当天反馈、当天办理；对于复杂的案件，能够做到即时答复和处理。成立专班，建立台账、制订方案，采取“疏堵结合、部门联动、多措并举、稳步推进”等措施，大力推进工作的开展。认真开展公园配套用房出租行为侵害群众利益专项整治工作，落实“厕商结合”型公厕建筑整改内容，

按时完成康庄公园内无照游乐设施拆除清退工作。

结合全区创城工作，聚焦背街小巷环境整治提升，瞄准拆墙打洞、拆违场地提升、绿化提升、后期养护等方面，积极做好小微绿地、口袋公园、代征绿地养护期满后对接工作。广泛动员全系统参与创城工作，定期下发季度绿化养护工作要点指南，重要节点布置花坛、种植地栽花卉等。逐一梳理公园创城考核指标，查找软硬件不足，对垃圾分类、宣传标语、文明提示等指标有针对性地进行完善。

2020年是“十三五”规划收官之年，大兴区以“三个创建”为着力点，按照“十强五起来”“打造一园一主题，一街一特色”工作思路，为新城百姓营造更加优美的绿色生态空间。

——坚持目标和问题导向，实现“一年一个样，三年大变样”工作目标，转变传统方式，变瓶颈为抓手；挖掘现有潜力，变低效为高效；强化绿化考核，变粗放为精细；强化整体服务意识，变被动为主动；推行“园丁长制”的落实，按照“1+66+3”模式逐步建立起“园林服务中心——下属公园、绿化队——劳务公司——作业班组四级园丁长”管理体系，构建区块明确、分工清晰、考核严格、便于监督的工作机制，把城区园林绿化管理工作提升到新的水平。

——突出增绿优先与部门协同，重点做好绿地等级提升，提高特级、一级绿地养护比率，根据现状情况谋划长远具体养护工作；落实共建共治共享机制。抓好各个公园与属地镇街携手共建共治共享机制落实，推动公园志愿服务开展，解决好公园与居民家门口的事。抓好今后园林中心与属地镇街公共绿地、小微绿地、背街小巷整治绿地的养护接收，打通毛细血管和绿化盲区，将精细化管理落到实处；积极参与创城、创卫、创森三个“创建”工作，确保各项目标任务完成；打造公园文化，突出公园生态文化元素。围绕“一园一主题”，增加主题公园的文化氛围，深化地铁公园地铁文化，挖掘枣林公园枣文化，丰富滨河公园运动主题、清源公园廉政主题、念坛公园野生动物保护科普文化等。

——强化大数据管理，智慧绿色深入人心。通过产权绿地数据普查，进一步摸清详细家底，重点掌握老旧公园基础设施情况、新接管公园管线、电路情况、各类树木总量情况、劳务外包资源等，确保“公园设施有详图、道路绿化有数据、绿化力量可调配”，为制订养护方案、实施管理提供科学依据；以网络案件办理整合系统为依托，推进绿化管理模块化，增加绿化一线信息终端，提升非紧急救助、网络案件的处置效率，实现“收件——派单——处置——反馈——办结”的“快递式”接诉即办流程；探索建立新区绿化管理电子指挥系统，勇于尝试、积极探索5G等新技术、新科技在公园管理中的应用；统筹绿化资源，建立植物数据库，管护动态监测，力争将数字化园林养护模式推在智慧城市建设前端；强化对新技术、新品种应用，在京津冀协同发展中积极交流学习，借鉴别人的先进经验和好的做法，组织人员开展大兴特点植物群落长势研究，精选乡土植物、耐荫植物，选育优良特色品种等。

六、生态文明的点金之笔

北京向南，世界向东，风生水起在大兴。从绿海甜园到大绿大美，从传统的农业大区到京津冀协同发展高地，大兴区扭住“四个中心”，全力推进生态环境提升，全力提升城乡发展品质。这座城市在彰显现代魅力的同时，散发着更加妖娆的宜居宜业之美。

随着首都发展进入快车道，新国门、新大兴焕发出勃勃生机。“首都新国门”“区域新动脉”“科创新高地”“改革先行区”，大兴从规划布局到转型升级，一路以绿色基调聚合高质量发展的内生动力，实现了新发展，展示着新时代，奋力谱写打造首都南部发展新高地的新篇章。

建设生态文明的落脚点，是服务京津冀协同发展，保障新机场建设，推动健康城市化的重要抓手。大兴区在2012~2018年，就完成造林任务26万亩，造林分布在全区14个镇、7个有林单位的广大地区。2018年以来，更是大兴区发力打造绿色的关键时期，又完成新一轮“百万亩造林绿化”6.2万亩。绿色屏障为全区贮备了巨大的生态财富，同时也创下“首邑大兴”生态建设的历史之最。

（一）五大区域的绿色屏障

绿色屏障主要集中在大兴广阔平原的五大区域，其大景观使得大兴成为北京南城的“风景这边独好”：永定河沿岸“生态长廊、景观长廊、致富长廊”三廊架构初具雏形；新机场周边地区呈现出“几何状、大色块、大绿、大美”森林景观；城乡接合部地区“拆迁建绿、见缝插绿、人性化增绿”新增千亩左右森林景观；机场高速、京台高速等绿色通道使得绿色廊道大骨架愈加丰满；京冀交界、兄弟区交界区域打造了3万亩以上森林组团4个、2万亩以上森林组团4个、1万亩以上森林组团2个，森林规模集聚程度使得绿色底蕴更加丰厚。

（二）新一轮春季造林绿化工程

2018年平原造林样板标段北臧村镇永定河畔602亩造林地块和2019年魏善庄城市森林造林地块及机场高速绿化等反季节造林示范地块，

绿海京南

大兴区都在抢进度、严质量、精养护。

区委区政府亲自调度、现场办公、开展专题会研究、制订专项审查方案等，重视和关注程度史无前例、前所未有。就部门分工、项目立项、组织实施等工作进行了具体而明确的布置，形成专题会议纪要，指导全区工作。区指挥部办公室及其组成部门和各镇党委政府敢于担当，创造性地开展工作，充分发挥了指挥中心、调度中心、管理中心、督察中心的职能和作用，为任务落实、项目落地等工作奠定了坚实的基础。区园林绿化部门进一步明确了属地政府、施工单位、监理单位等参建部门的职责、任务、工作标准和工作时限等。

按照打造“阳光工程”的工作标准，各类建设项目在招投标、稽查、评审、绩效考评等方面，严格执行了发改、财政、跟踪审计、纪检监察等相关部门的管理要求，并积极配合各有关部门完成了相应的工作。

按照打造“精品工程”“平安工程”“绿色工程”“民心工程”的标准，

组织监理公司的全体监理人员，协调区镇两级甲方代表、驻场设计人员、审计人员，指导和监管施工队，严格执行设计文件要求，做到“七个紧盯”，即紧盯高标准规划设计方案，紧盯基础工程施工标准，紧盯整地标准，紧盯苗木进场质量标准，紧盯苗木栽植标准，紧盯苗木栽植后的浇水等养护标准，紧盯安全、文明施工标准。

（三）生态文明典范剖析

林地环境整洁，基础设施完好，资源经营有序。绿色屏障最大限度地发挥了生态、社会、经济综合效益一起上，健康、稳定、多功能的森林生态系统一齐抓，为永定河冲积平原走出生态文明建设之路树立了典范。

典范一：装扮大绿大美新国门

连续几年围绕疏解非首都功能等系列重大决策部署，伴随着大兴国际机场的开工建设，大兴区生态建设一刻都没有停歇，在机场周边已累计完成平原造林 15 万亩，这一地区的森林覆盖率已经达到 36.28%，走上了史无前例的快车道，比全区平均水平高出 6.78 个百分点。

特别是 2019 年，大兴区又以这一区域为主战场，继续通过打造机场高速绿色通道、营造城市森林，见缝插绿建设村头公园、小微绿地等为抓手，变传统的春天一个季节植树为一年四季都要植树，继续完成造林绿化 3.2 万亩。如今，一个简洁大气、自然协调、三季有花、四季常青的美好画卷已经完美亮相。

“穿过森林去机场”“森林环抱的机场”的美好愿景底蕴将更加深厚，在管好、养好现有生态建设成果的基础上，大美新国门向世界展示中国生态建设的伟大成就，向全国展示北京人与自然的和谐以及大兴这片热土的宜居宜业形象。

典范二：形成城市森林（公园）集群

大道至简，在现代生态治理理念引导下，大兴正在打造全社会共同信守、简约实用的生态保护行为规范，开展全民绿色行动，倡导绿色生活理念，倡导简约适度、绿色低碳的生活方式。在全区树立起“保护生态、人人有责，绿色发展、人人参与，美丽大兴、人人享有”的生态文化理念。

西南五环穿经大兴区的最典型的城乡接合部，包括黄村镇的狼垡地区、西红门镇和旧宫镇。过去三十多年，这里一直是物流、仓储、搅拌站、各类交易市场的“热门商圈”，满眼皆是花样百出的繁杂无序的高高矮矮的房子或参差不齐的堆物场地，“藏污纳垢”遍地，缺绿少树没景。因为视觉上的难堪或是感觉上的不舒服，经商或过路都恨不得躲过这段西南五环。

疏解非首都功能、拆违打非、农村集体经营性建设用地入市试点、新一轮百万亩造林绿化工程等一系列利好政策，给这一区域带来了新的生机和希望。沿线各镇坚持两步走战略，第一步是在2016~2018年“打赢拆除腾退攻坚战”，三镇以这一区域为主战场，拆除腾退小散乱污企业600多家，拆除违法建筑800多万平方米，疏解2万余人。第二步是“打好还绿战”，按照区域规划要求，实施最大化的“还绿于社会”，以绿治乱，以绿看地，以绿育景，用“绿”控制和防止疏解整治成果的反弹。

上文中的三个镇在西南五环沿线做足“绿”字上下功夫，不刻意追求奇花异草和名贵树木，一门心思多种树，种的都是北京常见的乡土树种。油松、侧柏、白皮松、国槐、刺槐、栾树、法桐、臭椿、海棠、丁香、黄栌，等等。经过两三年的持续发力，已经完成植树50多万株，消纳建筑垃圾300多万方，打造出西南五环万亩城市森林（公园）集群。黄村镇2019年启动建设了5508亩狼垡城市森林公园、3106亩城市森林，总规模接近万亩，

旧宫新景（胡广文 供图）

目前树木栽植完毕，公园建设基本完成，各类乡土化的大乔木已“展绿生机”。西红门镇2019年启动建设了1196亩的生态休闲公园，再加上在2016年习近平总书记植树基础上拓展建设的生态文明教育公园，以及历年的见缝插绿和填空造林，该镇五环沿途满眼是绿。地处一道绿隔地区的旧宫镇，2019年5月启动建设，2020年“五一”就开园了，不到一年时间，“不声不响”就建了个“稻花香里说丰年，听取蛙声一片”的529亩旧宫城市森林公园。2020年旧宫镇依托新一轮百万亩造林绿化政策，又正式启动建设1097亩的五福堂公园和聚贤公园。习近平总书记于2020年4月3日再次来到五福堂公园参加首都义务植树活动，并叮嘱大兴要建设“青山常在、绿水长流、空气常新的美丽中国”。旧宫镇积极响应，全力抢工建设两个公园，于2020年“十一”基本建成。

典范三：与新冠肺炎疫情赛跑，抢抓黄金造林季

习近平总书记两次到大兴区参加首都义务植树活动，深深地鼓舞和鞭策着大兴区的生态文明建设步伐。2020 年，大兴区的造林任务是 3.3 万亩，居全市之首，占全市总任务的 19.4%，当年就完成新一轮百万亩造林和战略留白临时绿化任务，这是“大兴速度”的生态体现。

大绿大美，大兴区这样做：

1. 高位谋划推动。区委带领政府、人大、政协领导班子，既有战略统筹谋划，又有对生态建设抠细节、咬住点位不放松的钉钉子精神和韧劲。逢会必讲生态建设，逢调研必实地察看并督导生态建设，“四不两直”随机到地块协调检查更是“家常便饭”。组织四套班子联合拉练检查和分头组合拉练检查不下十次。各属地造林进度列入区委区政府每周督察事项，主管区长“抽空就杀一趟工地”，哪个属地造林进度慢，他就“直接到地头约见属地领导”，重点地块“他能步行走遍每一个角落”。区直部门和属地党委政府各级领导更是“把自己当成施工队长亲自盯工地”。

2. 依法合规高效。新冠肺炎疫情防控下，园林、发改、规自、招投标管理平台等各主责部门不等不靠，主动有为，争分夺秒，发挥最大的主观能动性，在全市率先完成各项手续办理工作，为各项目留足黄金造林季节窗口期和顺利施工增加了保险系数。

3. 高质量发展理念。大兴区造林原冠苗使用率、本地良种优质苗使用率都比往年有大幅提高，智慧园林管理、专家团队实地指导率等都有明显提升。重点项目建设成效显著，地处一道隔离地区的五福堂公园已完成苗木主体栽植工作，2020 年国庆期间正式对外开放。

第四节 建立低碳循环的独特机制

大兴区属于严重缺水地区，多年平均降雨量仅为 508.4 毫米，年人均水资源量是全国人均的 1/13，而且水源主要来自地下水开采。在严峻的现实面前，多年来，大兴区园林绿化一直坚持节约、低碳、循环发展，节水工作形成了独特机制。

一、园林绿化的节水型

生态林建设注重节水高效，多为应用自动化滴灌系统的林地。

园林绿化用水保持可持续发展，高标准示范园普遍铺设灌溉管线、安装喷灌等节水设施，绿色产业用水发展积极推进。

紧紧围绕园林绿化节水发展，在“产城人”统筹发展过程中，从规划上引导和服务园林绿化节水发展，积极推进海绵城市建设，不断完善集雨设施和污水处理管线在城市、农村中的分布，构建统筹全区城乡园林绿化节水工作的支持体系。

绿地通过再生水利用、渗水铺装、雨水收集，城市绿化建设节水效果明显。

政策配套上不断细化落实园林绿化相关节水政策和措施，积极建立多元化的节水资金融资体系，研究制定鼓励和引导社会资本参与园林绿化节水建设的相关政策，激发全社会参与园林绿化节水工作的主动性，有效促进园林绿化节水发展。

节水设施全面推进设施节水、科技节水和机制节水，不断增加节水设施在园林绿化发展中的应用，做到园林绿化资源节水设施全覆盖。根据土壤特点、植物生长用水量以及具体生产的实际情况，因地制宜，适当选择应用滴灌、喷灌、多孔式微喷带等节水设施。根据林业资源生长需要、气候变化等因素，调整灌溉量和灌溉次数，保证资源正常生长。安排专人，对节水设施进行维护，做到定期检查各项设施。

生态文明注重园林绿化节水发展理念的宣传，并将其贯穿到资源建设与管护的各个方面。同时充分利用广播、电视、报纸、网络等多种媒介，大力发动社会各界力量参与园林绿化节水建设，为生态文明建设营造良好氛围。

二、绿地养护的系统规划

公园绿地是改善城市生态环境的重要因素之一，大兴区作为“国门印象”，需要更多的森林绿色，需要更高水平的园林景观环境。随着大兴国际机场的投运，大兴新城作为京南重点核心区域，公园绿地的建设和养护管理面临着更新的机遇、更高的要求和更大的挑战。

京南生态门户新时代蓝图已经开启。

按照大兴新城绿地系统规划中“两带、一核、四廊、多园、多轴”的绿地空间布局，大兴新城内主要公园有 17 个，总面积约 500 公顷，均为免费开放性公园。以康庄公园、黄村公园、街心公园建设为例：

康庄公园于 1990 年建园，2004 年 10 月，被北京市园林局评为“北京市精品公园”，属于综合类公园。

黄村公园建于 1983 年，30 多年来，作为大兴地区唯一游乐主题公园，一直深受大兴人民的喜爱。2014 年，公园对老旧停运的游艺设施进行了拆除。现已成为满足不同年龄层次的广大居民休闲娱乐活动的重要场所，功能趋于综合类公园，年接待游客达 200 万人。

街心公园建于 1995 年，已成为人们休闲游憩、陶冶情操的重要娱乐场所，属于小型综合类公园。

以上三个公园分别由区园林绿化中心下属全额拨款事业单位管理，日常养护作业内容包括绿化养护（修剪、病虫害防治、浇水、施肥、补植）、卫生保洁、设施维修、安保服务等。经过多年运维，公园均能达到特级养护标准，做到了三季有花、四季常青。具体做法是“五个加强”：

——加强公园建养投入，扩大城区绿地规模。

按照 500 米服务半径标准，大力挖掘老旧城区公园绿地空间。借助疏解整治工作增加口袋公园、小微绿地的建设，提倡拆墙建绿、透绿，鼓励社区公园、单位大型绿地的开放与共享，实现绿地功能与景观延伸。

——加强公园特色建设，增加主题文化氛围。

按照“一园一主题”谋划好公园管护发展方向。突出现有优势，逐个公园进行研究分析，找准主题定位，进行逐块绿地绿化特色设计，以烘托公园主题。如丰富黄村公园环保科普主题、完善地铁文化公园地铁文化、挖掘枣林公园枣文化、提升滨河公园体育文化，增加街心公园、翡翠公园智慧主题等。因地制宜种植美国红枫、银杏、黄栌、鸡爪槭、金叶国槐、金叶榆、元宝枫、五角枫、枫香、金叶白蜡等，让持久靓丽的叶色增添一抹别样的风景。

——加强新技术新方法探求，以技术创新指导工作。

统筹城区绿化资源，建立新城地区植物数据库，建立新区绿化管理电子指挥系统，实现管护动态监测，探索数字化园林养护模式，让绿化养护管理更加便捷高效。

——加强日常实效考核，以制度落实促进管护水平提升。

进一步健全制度、完善机制、强化监督；以《北京市城市绿化等级评定标准》为依据，完善本级台账，细化分级管、分类养措施；设立“园丁制”，进一步落实岗位职责、促进园丁精神与生态文明建设的深入融合，营造积极向上的管理氛围。

三、绿岗就业机制的出台

园林绿化是建设一体化、高端化、国际化的基础性事业。在促进农民绿岗就业和实现绿色增长上，区委区政府出台了《关于进一步加强绿色就业工作意见》和《大兴区促进绿色就业资金奖励暂行办法》，初步建立了农民绿岗就业的政策机制。一是组织农民积极参与平原造林、生态公园、城乡绿化等工程建设，取得工资性收入，以工程建设创造就业岗位；二是积极引导各镇养护企业吸纳农民就业，以确保农民持续增收，尤以绿化养护确保持续增收；三是以“兴绿富民”工程拓宽就业渠道，通过实施“兴果、兴花”等富民工程，为广大果农、花农创造更多就业岗位；四是以林下经济开辟就业途径，结合平原地区特点，积极探索发展林菌、林草、林药等多种模式的林下经济，在保持林业生态效益的同时，挖掘多重效应，开辟农民就业新途径。

绿色就业工作机制确立了“生态建设促就业、就业推动生态建设”的互动双赢模式，目前全区已实现绿岗就业 8.6 万人。

大兴区丰富的园林绿化资源为农民就业提供了广阔的空间。据林业部门初步估算，未来 2 ~ 3 年可以帮助 14.4 万人实现绿岗就业。

（一）林产业推进绿色就业员工化

鼓励企业规范用工，提高农民组织化程度，提高就业保障水平、稳定农民就业，实现林产业就业签合同、上保险、保工资，成为绿色产业工人，与市级岗位补贴和社会保险补贴形成有效对接，推进林产业绿岗就业员工化。

（二）平原造林组建绿化管护队

以企业模式进行运作，大规模招用本区农村劳动力从事造林管护工作，提高造林管护水平，促进农民绿岗就业。

（三）就业援助建立公益性就业组织

将生态环境建设与促进农民就业紧密结合，以生态环境建设促进农民就业，以农民绿岗就业维护生态环境，走一条绿色发展之路。以《北京市就业援助规定》的颁布实施为依托，建立农村绿色公益性就业组织，积极争取政策扶持，推进农民在公益性组织就业。

（四）职业技能提高农民绿岗就业技能

提升职业技能是稳定就业的前提。围绕绿色产业发展和绿色岗位开发，整合各类教育培训资源，借助免费培训政策，面向农民开展绿色岗位技能提升工程；开展护林员、花卉工、果树工等工种的职业技能及岗位技能培训，提升农民技能素质，增强就业能力，以培训为支撑，实现城乡劳动力更高端、更稳定的绿岗就业。

（五）提质增效完善相关支持政策

建立绿岗就业岗位补贴动态增长机制，将城镇就业政策延伸至农村，完善岗位补贴和社会保险补贴政策，探索建立新型绿岗就业载体。进一步整合绿岗资源，吸纳农民就业，进一步提高农民组织化程度。针对绿色产业各领域的不同特点，综合运用产业、财税、环保、就业等手段，推动绿色产业快速发展，提高企业市场竞争力，增加绿色岗位的有效供给。

四、森林资源的法规化

国家“十三五”规划中将生态文明建设列为重点，努力打造“新国门、新大兴”成了大兴人的光荣使命与担当。

大兴区林木面积纳入平原生态林养护管理的林木占林木面积的55.6%，经济林面积占林木面积16.4%。大兴区森林资源分布基本形成了平原生态林为主、其他森林资源为辅的总体布局。

在森林资源保护上，采取了以下3种办法：

一是提高政策扶持力度。引导优质林果规模化栽培，有效利用国土资源，拓展生态建设空间，增加林草植被和森林资源总量，提高森林覆盖率，改善生态环境。研究制定林果生态资源管护补贴政策，有效提升社会参与林果产业发展、保护林果生态资源的积极性。

二是加大产业结构调整力度。以“优化产业结构，提高产业质量，增加产业收益”为原则，提倡果园生草、林下种植，通过低效林改造、新品种引进推广，充分开发利用优质资源，使大兴区的林果产业结构更加合理，生态效益更加明显，符合林果产业可持续发展原则。以林果产品内部结构调整和无公害林果品生产、有机化果品生产为重点，推广新兴林果种植技术。

三是鼓励社会力量参与合作，共同促进生产水平不断提高。充分利用首都科技资源，鼓励科研院所与农民合作组织、龙头企业和农户合作，推广林果产业规模化经营。

第五节 从南城最大的“绿肺”看大兴

“七孔桥宛如玉带孔孔相连，‘九台环碧’浓荫洒地、水光潋滟，最高处是晾鹰台、观囿台，可以欣赏到‘南囿秋风’的美丽景象……”

《北京日报》对南海子公园先后做了多篇报道。

2019年7月28日，南海子公园（二期）正式开园迎客，扩容成8平方公里的南海子公园，变身成为“大自然中的自然博物馆”。南海子公园（二期）南门广场，硕大的南海子大牌楼矗立着，500多名来自南海子公园所在地的拆迁村村民、公园建设者、生态专家、文化专家等相聚在这里，分享南海子公园这些年来的变迁，感受南海子地区环境的巨变。

南海子公园（二期）的建成，使整个南海子公园总面积达到8.01平方公里，成为南城地区目前最大的“绿肺”。这个“绿肺”里有湿地150公顷，种植了乔灌木约53万株，地被植物400余万平方米，水生植物约14万平方米，打造成了“大自然鸟巢”，集生态、休闲、科普、人文为一体。

历史上的南海子位于北京城南20里，总面积约216平方公里，“南囿秋风”早在明朝时就与“西山晴雪”等列为“燕京十景”之一，后因挖沙取土、垃圾填埋、工业污染等因素，生态功能降低，逐步成为环境脏乱差的城郊地区。2010年北京经济技术开发区和大兴区果断决策，腾退“小散低乱污”企业，启动南海子公园复原和生态建设工程，公园一期于2010年9月开园。时至今日，南海子公园全部开放，水文净化、栖息地、植被、科普教育展示四大系统已一应俱全，让历史上北京南城绿色的生态基底得以复活。公园共设置景点17处，历史文化步道1条，其中，环绕湿地山丘建设的“九台环碧”胜景，在山间设置9个高台，可俯瞰湿地美景。更有世界第二大麋鹿苑、中国第一座以散养方式为主的麋鹿自然保护区供游客游览参观。

公园内的动植物都佩戴了“身份证”，名称、科目、属种、生活习性等一览无余，让游客感受“大自然中的自然博物馆”的魅力。游客可通过扫描二维码进入“南海子生态学堂”，参与科普学习；也可关注“北京南海子”微信公众号，这里面有集功能展示、交流互动和服务体验于一体的游览观光系统，可在手机端将南海子美景尽收眼底，并了解公园近期活动信息，进行活动报名。在科普小屋，游客可以看到由小学生们为南海子绘制的生态图谱，还可以在麋鹿童话世界与麋鹿互动共舞。

1. 观鸟胜地添了震旦鸦雀

北京麋鹿生态实验中心工作人员在南海子郊野公园拍摄到了震旦鸦雀在窝中休息的画面。震旦鸦雀被称为“鸟中大熊猫”，据《中国鸟类野外手册》记载，震旦鸦雀属于全球性濒危物种，是分布于我国东部及东北至西伯利亚东南部的特有物种。北京麋鹿生态实验中心工作人员钟震宇介绍，震旦鸦雀生性胆小，为了不惊扰它，长焦相机架在了几十米开外，在镜头中细细观察这种珍稀鸟类。它们体长约 10 厘米，黄色带钩的小嘴、灰黑色条纹的大尾巴很显眼，这是震旦鸦雀最明显的特征。2019 年 8 月、11 月和 2020 年 5 月它们在南海子都现身过。从 2019 年 8 月南海子郊野公园首次记录到震旦鸦雀后，北京麋鹿生态实验中心生物多样性调查团队的成员就开始有意识地在公园里寻找这种珍稀鸟类的痕迹。近年来，这种珍稀鸟类还造访过房山牛口峪湿地、大兴念坛公园、永定河园博湖和晓月湖一带。

南海子公园是城南绿肺，更是观鸟胜地，除了震旦鸦雀，还有青头潜鸭、疣鼻天鹅、黄胸鹀等珍稀鸟类。

2. 一座体育休闲产业新地标

2020 年 10 月 30 日，随着施工车辆开进现场，位于南海子公园北部的南海子体育休闲产业园项目正式进入施工建设阶段，2022 年 10 月将竣工开园。届时，北京京南又将诞生一个体育新地标。

作为 2020 年北京市重点工程项目之一，南海子体育休闲产业园项目由北京国苑体育文化投资有限责任公司开发建设，总体定位为“以足球产业为核心，集产业引领、国际交往、时尚运动与高端服务业于一体的体育产业主题园区”。

位于南海子公园北部的南海子体育休闲产业园，未来将成为市民游园与健身的好去处。这是北京国资公司继鸟巢、水立方、冰丝带后的又一个重大体育产业项目布局。建成后的南海子体育休闲产业园将不断完善园区功能，培育城市新兴产业，提供丰富优质的文体休闲内容，与南海子郊野公园共同打造成为京南体育休闲新地标。

3. 南海子美丽如画的新内涵

按照《北京城市总体规划（2016年—2035年）》，中轴线及其延长线是北京城市空间结构的重要组成部分，是体现大国首都文化自信的代表地区。在北京历史上曾是五朝皇家猎场和苑囿的南海子，就是坐落在南中轴延长线上的绿色生态明珠。

南海子，一度被战争、干旱、城市建设等因素破坏的生态肌理，以及被"吞噬"的湿地森林景致正在逐步重现。大兴南海子公园二期已经正式开园迎客。它和公园一期连在一起形成占地8平方公里的城南"绿肺"，重回了昔日南苑核心区的草木碧绿、连天遍野、香花环绕、飞鸟啁啾的活泼景象。作为中轴线上最大的绿色开放空间，南海子公园将作为连接北京中心城区、城市副中心、大兴国际机场、雄安新区的重要空间走廊，建设成为"首都南部结构性生态绿肺、享誉世界的千年历史名苑"。

"北城南苑"，一头连接着现代大都市，一头传承延续着厚重的历史。虽然相比于明清南苑地区，南海子范围要小得多，但是定位大尺度森林湿地组团，就是要找回历史上这片地区的生态肌理。当世界各地的人们乘坐飞机抵达大兴国际机场，向下俯瞰这一碧万顷时，犹如"穿越"600年，领略风光秀丽的南海子。

历史上的南海子，地处永定河冲积扇前缘。明清时期南苑面积为210平方公里，约3.5个北京城，其大致范围为今天北至南四环大红门，南至南六环，西至京开高速，东至京沪高速西侧约600米，涉及大兴和丰台两区。

若"穿越"到几百年以前，便能欣赏到一幅奇妙的自然胜景：在一碧万顷的草场上，6000余亩碧水映带其中，一亩泉、团河、凉水河、小龙河、凤河等川流而过，117处泉源、25处湖泊棋布星陈，"其水四时不竭，汪洋若海"。丰美的水草旁，虎、熊、鹿、兔、麋鹿、黄羊、海东青、天鹅自由栖息，可谓"蒲苇戟戟水漠漠，凫雁光辉鱼蟹乐"。

得天独厚的自然条件让这里成为"天选之地"。从大辽王朝始，帝王便在此"放鹘、擒鹅"并"阅骑兵"。金代，南苑不仅成为皇家巡幸游猎的主要场地，还在这里建造了行宫。到了元代，善于骑射的蒙古族统治者为了游猎、训练兵马，在此建造苑囿，每逢初春，皇帝便在文武百官簇拥下站立上风处，放飞海东青，与天鹅拼力厮杀，擒获天鹅后一同坠地，举行“头鹅宴”，场面恢宏。

明清时期，南苑迎来兴盛期，自明永乐十二年（1414）扩充飞放泊（即南海子前称），春搜、夏苗、秋狝、冬狩的四季狩猎活动均在此举行，南苑开始成为名副其实的皇家苑囿。明王朝不仅将南苑“周围凡一万八千六百六十丈”作为围猎和训练兵马之所，还在此大兴土木，按照二十四节气修建了二十四园，修路造桥，将各景点相连，关帝庙、灵通庙、提督衙署、晾鹰台等建筑散布其中，并种植瓜果蔬菜，养育珍禽异兽，以供游玩时打猎。清政权建立后，帝王在此处的活动更加丰富多彩，一是行围，二是临憩，三是大阅。几代皇帝对南苑都进行了精心营建，大红门、南红门、小红门、东红门、黄村门等九门设立，真武庙、三关庙、娘娘庙等八大寺庙修建，四大行宫分隅而设，亭台楼阁掩映于苍松翠柳之间，湖光山色，宛若图画，景色清幽秀美。同时，皇家采取多种措施保护苑内珍禽异兽，经过数十年经营，南苑内草木葱郁，百鸟翔集，珍奇的麋鹿在此迅速繁衍，数量多达几百头。

如画的生态盛景令人陶醉。明代大学士李东阳眼见南苑迷人秋景，遂作诗《南囿秋风》：“别苑临城辇路开，天风昨夜起宫槐。秋随万马嘶空至，晓送千旍拂地来。落雁远惊云外浦，飞鹰欲下水边台。宸游睿藻年年事，况有长杨侍从才。”据说明英宗非常欣赏这首诗，便钦点“南囿秋风”为“燕京十景”之一。

2018 年 12 月，在以“溯京南文脉，传古苑风韵”为主题的首届北京南海子文化论坛上，天津大学建筑学院教授、清代皇家园林研究专家王其亨提出：“北京城有两个‘腰肾’，一个在西北郊，另一个就是在南海子。南海子地处三河故道，地下水非常丰沛，凉水河、凤河就发源或流经于此。南海子是中国古代利用湿地的一个样本和活化石，其功能不单是豢养湿地动物，也是一个完整的湿地生态链，是北京水生态极为关键的一环，在整个华北地区的交通运输、水利结构方面发挥着重要作用，体现了中国古人的智慧。”王其亨建议，研究南海子文化建设，要尊重其历史生态作用。

“云飞御苑秋花湿，风到红门野草香。玉辇遥临平甸阔，羽旗近傍远林扬。”300多年前，清康熙皇帝到南苑打猎，曾赋诗盛赞“南囿秋风”美景。在历史上的南苑地区，以绿为体、林水相依的大尺度绿色生态空间正在一步步得到修复和重现。水城共融、蓝绿交织、文化传承的城市特色，给历史上的“南囿秋风”注入了新的内涵。这景致不再是帝王专属，它应当是每一位市民、每一名游客都能领受的丰厚文化遗产。

第六节 金凤来仪，天地彩画

打造大美绿色国门，是大兴区的历史重任和时代使命。近年来，在大兴区礼贤、庞各庄、安定、魏善庄等镇形成了大尺度森林，打造出“林田交响，幻彩森林；绿荫轴带，壮美国门”的景象，构建起“森林中的机场”壮美的生态景观。

在“绿色国门”的整体框架下，《北京市构建市场导向的绿色技术创新体系实施方案》提出，在绿色技术示范基地建设中，北京市将推动4个综合应用示范区建设，其中，在北京大兴国际机场“中国标准”绿色低碳机场示范区，广泛采用各种先进技术，提升机场建设运营整体绿色化水平。

2019年9月25日，一个定格在首都发展史上的时刻：随着中国东方航空公司、中国南方航空公司、中国国际航空公司等7架航班依次起飞，北京大兴国际机场正式通航。这一年，北京在新机场周边及新机场高速、京台高速等重要廊道两侧，实施造林绿化 1.17 万亩。新造林将与此前的造林地块连绵成片，从而形成“穿过森林去机场”的大绿大美景观。

新机场高速绿色通道建设工程，是新机场绿化建设的重要内容。该工程北起大兴区西红门镇北界（四环与五环之间），向南延续至北京大兴国际机场，全长约 29 公里，包含沿机场高速征地线外侧 200 米和内侧夹角地两部分绿带，总面积约 22580 亩。绿色通道工程先期实施 7614.42 亩，其中外侧 200 米绿带先期实施 5913.99 亩，内侧夹角地绿带先期实施 1700.43 亩。其工程设计理念为“林田交响，幻彩森林；绿荫轴带，壮美国门”。所谓“林田交响”，即通过城市高速森林与现状农田林网的景观界面穿插咬合，形成林田相间、绿海田园、林拥旷野的大地景观，演奏出和谐的林田交响曲；“幻彩森林”，即搭配四季各具代表色彩的植物，形成随着四季更迭呈现四时景象的变化效果，最终实现秋色绚丽、层林尽染、四季更迭、四时景异的幻彩森林；“绿荫轴带”，即内侧夹角地绿化范围是机场高速中独特的夹缝空间，突出林廊连贯、层次丰富、生态共生的绿色轴带，作为机场高速绿色通道的中心纽带；“壮美国门”，即南端开敞绿地为绿色通道全线的核心，也是国门形象的集中体现，烘托大国首都、时代风范、民族精神、海纳百川的壮美国门景观。

大兴通过几年的不断努力，新机场周边已形成大片林海。绿色通道工程通过打造林带如虹的生态迎宾绿廊和彩田如画的郊野风景绿廊，创造京畿门户的城市森林，构建城绿融合的临空经济区第五立面，打造贯穿历史与现代的生态廊道，最终形成京畿绿廊、天地彩画、大绿大美的国门景观。

一、门户区绿色：“青松迎客、四季永驻”

在大兴国际机场航站楼北侧的门户区，以 99 棵高 8 米的特型油松形成的松岛景观，成为这里的特色标志。放眼望去，一排排蓊郁苍翠的松树拔地而起。常绿松树搭配色彩缤纷的地被花卉，再配合高低起伏的微地形，形成气势恢宏、错落有致、壮美辽阔的大地景观。利用新机场建设开挖的土方，门户区堆叠起若干松岛，岛上种植常绿松类，体现“青松迎客、四季永驻”的美好意蕴。

在门户区景观绿化带，结合进出机场道路视角的不同，精心设计了“迎客点”和“送客点”。迎客点主栽彩叶林，银杏、元宝枫、杂种鹅掌楸等秋色叶树种与常绿松类相互掩映，热情迎接各路宾朋；送客点以 17 米高主峰为背景，山顶种植高大特型油松，前景栽植北美海棠、流苏、四季丁香等春夏开花植物，为出京旅客留下好印象。

二、绿化工程总体布局的“一廊、一区、五点”

精彩亮相的门户区景观绿化，是 2020 年大兴国际机场高速绿色通道项目的一部分。

绿化工程总体布局为“一廊、一区、五点”。

“一廊”即机场高速绿廊，“一区”指航站楼北侧门户区，“五点”是机场高速路与五环路、六环路、魏永路、庞安路及机场北线交叉的 5 个桥区节点。

在景观设计上，机场绿廊是“大国之廊、森林之廊、四季之廊、立体之廊、生长之廊”，高速两侧各形成 200 米宽的景观林带，呈现层次丰富、风格鲜明、开合有致、律动优美的景观效果。绿化工程在种植模式上突出异龄混交，新栽植苗木总计 31 万株。其中新植常绿乔木 7.1 万株，落叶乔木 10.4 万株，亚乔及灌木 13.6 万株，常绿树和阔叶树之比为 4∶6。贯彻海绵城市设计理念，林中适当预留林窗及汇水洼地，可实现雨水零外排。另外在造林过程中，还消纳了 200 万立方米的建筑渣土。

作为进出京重要通道，机场高速绿化综合考虑了飞机、高速、高铁、城铁和地面等不同高度的观景效果，因地制宜布局林带空间，实现“俯视看规模，上层看林相，中层看群落，下层看细节”的立体森林廊道景观。

2012~2018 年，大兴区共安排 29 万亩造林绿化任务，位于临空经济区的安定镇、榆垡镇、魏善庄镇、庞各庄镇、礼贤镇大兴南部 5 镇，是绿化造林的重点。壮阔连绵的大地林海，成为新国门第一印象。

在 2019 年新一轮百万亩造林绿化任务中，新机场周边共实施大尺度绿化项目 7 个，除了新机场高速绿色通道绿化，还有三线（新机场高速、京雄高铁、轨道交通新机场线）并廊绿色通道项目、京台高速绿色通道项目、京开高速绿色通道项目、南五环和南六环路两侧造林绿化项目等。7 个项目总计新增造林绿化面积 1.2 万亩。

三、高速绿色通道“林田交响，幻彩森林”

位于大兴国际机场高速与京雄城际铁路、轨道交通新机场线三条交通干线并行段的夹缝空间，全长约 17 公里，总面积约 1700 亩。

2019 年 5 月开工的机场高速绿色通道建设工程位于北京大兴国际机场高速公路外侧，全长约 29 公里，总面积 6472 亩。

三线并廊工程是机场高速独特的构造空间，它将和北京大兴国际机场高速外侧绿化一起，构成通往机场的绿色通道，构成林带如虹的生态迎宾绿廊、彩田如画的郊野风景绿廊。

三线并廊工程作为夹缝空间，在“林田交响，幻彩森林”的大背景下，突出林廊连贯、层次丰富的绿色轴带，作为机场高速绿色通道的中心纽带。

景观结构上，“一廊贯古今”，即机场高速绿色通道连接古城与新国门，具有通贯古今的寓意。“一核凝气韵”，即三线并廊终点绿地形成全线绿核，凝结大国气韵，是国门形象的集中体现。在这里，创设出“青松迎客”的效果，通过简洁大气的设计手法，充分展现富有中国诗画意境的壮美国门景观。“三段融绿意”，即将机场高速绿廊划分为三大段落，由北往南依次为：城市段、郊区段、机场段，各段各具特色。城市段，指位于六环以北，全长约 7 公里，距离城区较近，打造城市森林、群落丰富的热情景象。郊区段，指位于六环至机场北线，全长约 17 公里，路板较高，农田景观突出，打造大开大合、林田交融的辽阔景象。机场段，指位于机场北线至终点，全长约 5 公里，路板较低，利于突出植物的围合空间，打造森林环抱、四季常青的恢弘景象。“五点述风采”，即对高速上的五个重要桥区进行重点打造，通过丰富的植物群落空间和地形营造，打造机场高速绿廊带上的“五颗明珠”。建设过程中将突出适地适树原则，以栽植乔木为主，主要选取油松、桧柏等常绿树种，搭配元宝枫、银杏、栾树等彩叶乔木。同时在设计方案上充分衔接，保持高速公路沿线景观效果的协调一致，构建林廊连贯、层次丰富的绿化景观。

“穿过森林去机场”是为了落实新版北京城市总体规划，构建连接中心城区、大兴新城组团、临空经济区组团的楔形生态廊道，营造千年城市的绿色轴线，完善京津冀协同发展示范区的绿色空间格局和生态格局，为2022年北京冬季奥运会喜迎各国宾客做好准备。

森林环抱、玉树迎门——正是北京大兴国际机场路边风景的写照。

四、绿色生态下的“金凤凰”

2018年12月11日，北京大兴国际机场在“2018年北京市绿色建筑发展交流会”上，获得“北京市绿色生态示范区”称号。会议现场举行了授牌及签约仪式，并签订了绿色生态示范区建设协议。“北京市绿色生态示范区”，标志着北京大兴国际机场绿色建设整体达到北京市领先水平，是北京大兴国际机场持续开展绿色机场建设工作的重要成就。

“北京市绿色生态示范区”是由北京市依据《北京市人民政府办公厅关于印发〈北京市发展绿色建筑推动生态城市建设实施方案〉的通知》（京政办发〔2013〕25号）设立，从2014年开始每年从众多北京市在建的优质项目中评选出能耗、水资源、生态环境、绿色建筑建设、交通、可再生能源、土地利用、再生水利用、垃圾回收等众多方面最具有代表性的项目作为示范项目。北京大兴国际机场在大兴区政府推荐下参与了2018年北京市绿态示范区的评选工作，经资料初审、现场考察、专家评审、网上公示等环节，最终北京大兴国际机场与2019北京世界园艺博览会园区两个项目从众多优秀项目中脱颖而出，获得了“北京市绿色生态示范区”称号。

北京大兴国际机场全面贯彻落实新发展理念，在建设之初就将绿色建设作为实现“引领世界机场建设、打造全球空港标杆”的重要手段之一，通过“理念创新、科技创新、管理创新”确保绿色理念从选址、规划设计、招标采购、施工管理到运行维护等全寿命期，在机场各功能区及全部建设项目的全方位贯彻。北京大兴国际机场成立了绿色机场建设领导小组与工作组，开展了绿色建设顶层设计，正式印发了《北京新机场绿色建设纲要》《北京新机场绿色建设框架体系》《北京新机场绿色建设指标体系》等系列指导性文件。在对标国内外先进机场的基础上，北京大兴国际机场明确了“低碳机场先行者、绿色建筑实践者、高效运营引领者、人性化服务标杆机场、环境友好型示范机场”等五大绿色建设目标，以科技为手段提升绿色建设水平。

北京大兴国际机场建设指挥部先后承担国家“十二五”科技支撑计划项目——“绿色机场规划设计、建造与评价关键技术研究”、民航重大专项“绿色机场评价与健康标准体系研究”等多个课题研究与示范工作，还先后主编或参编三项行业绿色建设标准，同时从“资源节约、环境友好、高效运行、人性化服务”4个方面提出了54项绿色建设指标，其中21项达到国内或国际先进水平。为确保绿色建设指标的落地与工程建设基本程序相融合，建立了一套“指导—复核—优化—确认”的绿色建设实施程序，推进绿色理念在机场全寿命期中的全面贯彻。

通过采取系列措施，北京大兴国际机场在绿色建设方面取得阶段性成果，如国内首创全向跑道构型，与空域、地面运行高度契合，运行高效、环保，引领飞行区设计新方向；全场100%为绿色建筑，其中70%以上的建筑可达到三星级绿色建筑；航站楼获得国内最高等级的绿色建筑三星级和节能建筑3A级认证，是目前单体体量最大的绿色建筑三星级项目，同时也是全国首个获得节能建筑3A级认证项目，树立了绿色节能新标杆；创新可再生能源利用方式，建设国内规模最大的耦合式地源热泵系统，通过地源热泵、锅炉余热、市政供热等复合式设计，克服传统浅层地源热泵系统不稳定问题，整个系统可安全、稳定、可靠地满足约250万平方米建筑的供热需要。同时，在机场北跑道南侧，将在国内首次利用空侧土地建设飞行区光伏发电系统。此外，通过在停车楼、货运区、公务机楼等屋顶建设光伏发电系统，广泛采用太阳能热水、建设污水源热泵系统等，全场可再生能源比例将达到10%以上：100%采用绿色光源，在国内率先建成两条LED灯光跑道；新能源通用车辆比例100%；全面推广GPU替代APU；航站楼100%采用1级能效的机电设备；北京大兴国际机场还在海绵机场建设、除冰液回收与处理和环境管理等方面采取了一系列的创新型成果。

北京大兴国际机场严格按照与北京市签订的绿色生态示范区建设协议，全力推进交通覆盖率、工作区绿色交通出行比例、清洁能源车辆比例、环境污染处理、非传统水源利用率、管网漏损率、径流总量控制率、可再生能源利用率、绿色建筑比例、信息化类指标、固体废弃物11项示范区绩效评价指标的顺利实现。同时，北京大兴国际机场还将申报并争创国家绿色生态示范区，全力打造具有世界一流水平的绿色新国门。

机场从选址伊始就引入了绿色可持续发展理念，为确保绿色理念的落实，北京大兴国际机场建设指挥部成立了绿色建设领导小组与工作组，建立了一套“指导—复核—优化—确认”的绿色建设实施程序，编制并印发了《北京新机场绿色建设纲要》《北京新机场绿色框架体系》《北京新机场绿色指标体系》《北京新机场绿色专项设计任务书》等系列绿色机场研究成果。

（一）实现绿色低碳、节能环保

在绿色机场建设过程中，不仅借鉴传统绿色生态发展模式，还根据自身的特点创新性地在土地利用、交通衔接、生态环境等多领域、多层次着手“绿色”专项研究，形成了一套具有自身特色的绿色机场发展理念，有力引领了全国绿色机场建设，也为全球绿色机场发展输出“中国标准”做出了重要贡献。对应绿色建设目标，从“资源节约、环境友好、高效运行、人性化服务”4个方面提出了54项绿色建设指标。其中，建筑节能、噪声与土地相容性规划、最短中转时间、自助服务设施等21项指标达到国际和国内先进水平。持续推进绿色机场的实践力度，既要实现绿色低碳、节能环保，还要用可持续发展的方式在我国乃至世界上成为资源节约、环境友好的绿色示范样板。

（二）自然采光、自然通风，减少二氧化碳排放

在功能优先的前提下，航站楼绿色实施路径通过“减少、替代、提升”的三步策略，重点从建筑围护结构、暖通系统、设备与照明、可再生能源利用、自然采光、自然通风、非传统水源利用、室内环境等方面进行综合优化提升。航站楼设计达到功能性和艺术性的完美结合，楼内60%的区域可以实现天然采光，8根巨大的C型柱既是支撑的构件，又是室内采光的窗口。同时，在每条指廊的顶面铺设一条带状天窗，贯穿整个600米的五条指廊，为室内引入了足够的光线，通过对屋面、外墙、幕墙、开窗等外围护结构的集成优化设计，实现传热系数比《公共建筑节能设计标准》要求提升20%，幕墙遮阳系数提高12.5%，比同等规模的机场航站楼能耗降低20%，每年可减少二氧化碳排放2.2万吨，相当于种植119万棵树。2017年11月，北京大兴国际机场航站楼获得绿色建筑三星级和节能3A级双认证，这是我国第一个节能建筑3A级项目，具有重要的标杆意义。

绿色机场还有一个关键性指标，就是水资源的利用。机场对全场水资源收集、处理、回用等统一规划，综合采取“渗、滞、蓄、净、用、排”等措施，实现雨水的自然积存、自然渗透、自然净化和可持续水循环，回收雨水用于绿化、环卫用水及景观湖补水，不但调节了机场内小气候，还形成了人、水、自然和谐相处的美好生态环境。全场雨水海绵设施总容积达280万立方米，容量相当于1.5个昆明湖，是南水北调日均入京水量的3倍，成为国内首个复合生态水系统高效运行的“海绵机场”。

（三）可再生能源系统实现可再生能源利用

北京大兴国际机场还创造性地将景观湖区作为集中埋管区，通过耦合设计实现地源热泵与集中燃气锅炉系统、锅炉余热回收系统、常规电制冷、冰蓄冷等的有机结合，形成稳定可靠的复合式系统，可集中解决周边规划面积近 250 万平方米建筑的供热需求，实现年减排 1.81 万吨标煤。通过建设地源热泵、太阳能光伏、太阳能热水三大可再生能源系统，实现可再生能源利用比例超额完成 10% 的既定目标。

（四）“三纵一横”全向跑道构型减少碳排放

在跑道设计方面，综合考虑北京大兴国际机场周边空域、地面条件、运行效率等因素，采用“三纵一横”国内首创带有侧向跑道的全向跑道构型，运行效率达到世界同等级机场的先进水平。据仿真模拟推算，全向跑道构型相较全平行构型，全年节约燃油消耗约 1.85 万吨，减少碳排放约 5.88 万吨。

（五）“新国门第一路”采用环保融雪抑冰材料

从北京市区驶入机场高速公路，沿线两侧树林郁郁葱葱。“新国门第一路”宽阔平坦，看似与普通路面并无差异，面层下面却藏着抵抗冰雪的守护者——马飞龙融雪抑冰材料。

道路除冰雪技术分为主动式和被动式。被动式除冰雪通常采用人工或者机械的方式，向路面抛撒海盐等融雪剂，以达到融雪抑冰的目的。然而，传统的被动撒盐时效性较差，且易腐蚀路面。与抛撒海盐相比，主动式融雪则更为环保。主动式融雪是将以马飞龙为代表的氯化物融雪抑冰材料掺到沥青混合料中，让其在行车荷载和毛细管压力的作用下不断释放融冰物质，实现主动融化冰雪的目的。在践行绿色公路理念下，机场设计伊始便决定采用主动式融雪抑冰材料，因此，机场高速公路中 23 公里的桥梁路面层几乎全部采用了融雪抑冰材料，路面结冰点低至零下 12 摄氏度左右，以守护机场路上的车辆在冬季畅通出行。

此外，还在航站楼五个指廊端头设置了 5 个庭院，分别呈现中国园林、田园、丝、瓷、茶等元素，为旅客提供绿色的活动空间，凸显绿色和人性化理念。在绿色机场规划、设计和建设上，北京大兴国际机场积累了丰富的经验，在绿色理念、科技和管理等方面运用了多项国内、国际首创的新技术、新手段和新方法，创造了非凡的成绩，领跑我国乃至全球机场建设。

伴随北京大兴国际机场的开通运行，城南大兴成为绿色新国门。

第四章　因水而兴、以水而润

一代人的历史形成一代人的故事，一群人的历史形成一段文化。对于一个水域交通文明丛起的地区文化，人和水的故事就是这个地区的文化源头。从一个群族对水的作为中，体现的是这个地区的人们对自然、对人类、对永续发展的理解和追求。

自然是人类亲密的家园，河流是人类亲密的朋友，水是农业的命脉。人类自古以来的生存和发展就和自然界中的水与河流密切相关，人类社会在发展早期就有“沿河而居”的习俗，从自然环境的整体性讲，河流对人类社会的发展有深远的影响。

由于河流作为地表径流参与水循环的过程，河流水也会随着水循环而不断更新。给人类社会提供“水源”是河流的基本功能。河流携带的泥沙在中下游地区由于流速减慢，从而泥沙沉积形成冲积平原，产生十分肥沃的土壤。河流中下游地区通常都是重要的农业产区。

此外，河流还具有美化环境、开发旅游、保持生物多样性的功能。河水是灵动的，是具有美感的。

历史证明，人类的生存与发展离不开河流，人类文明的孕育与繁荣更离不开河流！

第一节 大兴治水

在大兴流传着这样一句话：古有大禹治水，今有大兴治水。对京南水系的管理治理，是大兴这片土地的发展脉络。自古至今，大兴地区对京南水系、对永定河的治理，正是人们对生态文明的实践和探索。循着先人的脚步，我们由此讲述永定河治理的历史以及大兴对河域治理的历史。

一、盘点大兴那些河

大兴区内的河流分属永定河、北运河两大水系，这些河流在本区境内又分为 7 个流域。永定河为边界河流，自西北端高家堡入境，往南经立垡、鹅房、赵村、西麻各庄，绕行西南部辛庄、十里铺，至崔指挥营出境。在大兴境内自西向东有天堂河（永兴河）、龙河（上游为大、小龙河）、凤河流布，这几条河流都是从大兴西北流向东南，进入河北省廊坊后，再注入永定河。北部新凤河自西向东入凉水河；东北部的凉水河自朝阳区流入大兴，出境后入通州界，这一段属北运河水系。据中国农业大学 2004 年调查，除凉水河、新凤河、凤河有过境污水外，其他河流都基本干枯无水。各河流加起来的总长度为 153.8 公里，控制流域面积 1039.97 平方公里，其中永定河为国家一级河流，凉水河为北京市市管河流。

（一）永定河及其流域

永定河绕黄村西部、南部边界流过，左堤长 55 公里，堤内流域面积 37.21 平方公里。自卢沟桥以下，纵坡变缓，淤积严重，河床逐年增高，自清乾隆年间成为地上河，易决口成灾。清同治十四年（1888）至 1939 年

狼垡粉黛草（杨大维 供图）

的51年中，境内决口17次。自1954年上游官厅水库修建后，仅1956年8月在西麻各庄河段有一次决口。20世纪70年代以后，由于水资源利用，卢沟桥以下基本常年断流。

（二）天堂河（永兴河）及其流域

天堂河原发源于丰台区北天堂村，入大兴境后流向东南，经念坛村南至新桥村，折向东南至东宋各庄出境入廊坊市辖域。1958年念坛水库建成后，源于念坛水库，境内长度27.73公里。支流有大狼垡排沟。全流域面积316.71平方公里，控制芦城、黄村、北臧村、定福庄、榆垡、南各庄、大辛庄、庞各庄8个乡镇152个村。

（三）龙河及其流域

龙河上游为大龙河和小龙河。大龙河，源于东芦城村东北，东南流至东白塔村，全长25.15公里，流域面积68.85平方公里。小龙河，源于芦城佟家场，流至东白塔村，全长24.55公里，流域面积82.57平方公里。大小龙河在东白塔汇合后称龙河，流至廊坊市三小营出境。境内流域面积208.83平方公里，流经黄村、庞各庄、魏善庄、安定、礼贤5个镇111个村。

（四）凤河及其流域

凤河原发源于团河，20世纪50年代经修治后，从南大红门起，往东南经采育至凤河营出境入廊坊市辖域。境内长度26.75公里，沿途有旱河、岔河、官沟等支流汇入，流域面积包括红星区和青云店、长子营、采育等镇146个村，共计251.35平方公里。

（五）新凤河及其流域

新凤河于1955年、1961年两次修挖成河，从立垡起往东南沿原凤河上游河段，经南大红门转向东北经烧饼庄出境，至通州马驹桥入凉水河。境内全长28.38公里，流域面积包括芦城、黄村、垡上及红星的部分村庄，共134.51平方公里。

（六）凉水河及其流域

凉水河源于丰台区后泥洼村，流经丰台区、朝阳区、大兴区、通州区，于榆林庄闸上游汇入北运河，是北运河的一条主要支流。全长 58 公里，流域面积 629.7 平方公里。有草桥河、马草河、马草沟、大羊坊沟、萧太后河等支流。20 世纪 50 年代中期拓宽治理后，河道上建有大红门、马驹桥、新河、张家湾 4 座拦河闸，可蓄水 400 多万立方米，灌溉农田 20 多万亩。凉水河从小红门流入红星东部，经旧宫、鹿圈至二号村出境，流入通州辖域。境内长 10 公里，流域面积 44.69 平方公里。

（七）大兴水系水文

大兴区地下水水位的南北差较大。从北部地区到南部地区，地下水总的趋势是水位越来越低，水位埋深越来越大。区域内的水质，埋深 100 米以上的表层地下水，水质良好，性状无色、透明、无异味。化学指标 pH 值在 7.2~7.9，属中性、微硬水和硬水。

中华人民共和国成立后，大兴区节水灌溉发展迅速。全区骨干灌渠有永定河灌渠、中堡灌渠、凉凤灌渠、红凤灌渠、角门子引水渠、东南郊干渠等。20 世纪 80 年代以来，由于降水量减少，地表水可用资源锐减，全区普遍改用地下水灌溉，节水灌溉工程发展迅速，全区节水灌溉面积达 35.76 万亩，占总耕地面积的 45.5%。

大兴区水污染的主要污染物为 COD，次要污染物为 SS。主要污染源的主要污染物为 COD，即水中的还原性物质，如各种有机物、亚硝酸盐、硫化物、亚铁盐等；SS 代表的是悬浮物，指悬浮在水中的固体物质，包括不溶于水中的无机物、有机物及泥沙、黏土、微生物等。这与该地区的主要污染物是一致的。通过大兴区主要污染源分布可以看出，绝大多数污染源都集中在该区的西北部。2000 年，大兴区的过境污水主要是经凉水河和新凤河的污水，凉水河的污染状况重于新凤河。

二、翻检大兴历史，避不开的水患

大兴全境为永定河洪积冲积平原，低洼地多，加上永定河洪水为害，自古以来水患频仍。据《大兴县志》记载，元代，大兴县水灾记载为

36 次，在大都（北京）地区 16 个州县中位居第二［宛平县 37 次，位居第一（今大兴西部地区，当时属宛平）］。元代大兴地区水灾严重的特殊原因是浑河（永定河）在宛平县看丹口分为两支，均过境大兴。浑河进入大兴后，河道坡度骤缓，流速陡减，所含泥沙大量淤积，导致下游河床不断增高，泄洪能力大幅降低。

到了明代，大兴地区发生水灾记载为 40 余次，较大水灾 7 次。《大兴县志》记载，明宣德三年（1428）农历五月始，霖雨连旬，到了六月底，浑河、北运河水系大小河流一齐泛滥，大兴地区田地被淹没，屋宇多被冲塌，道路、桥梁多被冲坏，且有人畜溺水而死现象发生。这次水灾，造成粮食绝收、民困乏食，朝廷税粮难于办纳等严重后果。

明嘉靖三十三年（1554），京师大雨连绵，平地水深数尺，大水漂没墙垣庐舍，南海子围墙坍塌，致使“秋禾尽没，米价十倍，男女疫之过半”(《大兴县志》)。

清代，大兴发生水灾记载为 38 次（宛平 56 次）。嘉庆六年（1801）六月，京师雨水连绵，西北山水骤至，永定河水深一丈八九尺，卢沟桥洞不能宣泄，漫溢两岸，其中，石景山河水涨溢，自庞村向东南方直泄，淹没黄村等处田禾庐舍间。卢沟桥南东岸冲开碎石堤七八十丈，洪水顺流到了黄村、庞各庄一带，青云店、采育、礼贤等镇及附近村庄“俱经被水”，各村庙宇多有避水贫民。此次水灾，大兴、宛平两县土地均八成无收，仅沿永定河左堤的立垡、狼垡、诸葛营等 29 村，受灾人口就达 6520 人，冲毁房屋 1350 间。

光绪十六年（1890），又是一个特大水灾年。五月下旬至六月上旬，大雨肆虐。永定河两岸多处决口，庐舍民田尽成泽国，人口牲畜淹毙颇多，南海子围墙被冲决数十丈，大水穿苑东流，大兴受灾村庄有 247 个。六月上谕内阁：“京师自上月二十九日以后，大雨滂沱，连宵达旦，河流骤长……近日京城内外倒塌房屋甚多，有无伤毙人口，并着步军统领衙门、顺天府确切查明，印行奏闻。”六月初六日，潘祖荫奏：“此次连雨五日，目睹房屋坍塌不可胜数。”六月初九日，李鸿章奏：“……自（五月）二十九日至六月初六日，大雨狂风连宵达旦，山水奔腾而下，势若建瓴……永定河两岸并南北运河、大清河及任丘千里堤，先后漫溢多口，上下数百里间一片汪洋，有平地水深二丈有余者。庐舍民田尽成泽国，人口牲畜淹毙颇多，满目秋禾悉遭漂没，实为数十年来所未有。”

中华民国时期，大兴县发生洪涝灾害约 12 次，较严重的有 5 次。1913 年 7 月至 8 月间，淫雨连绵，河流漫溢，大兴受灾歉收五分以上的有 68 个村。1917 年 7 月 27 日夜，永定河北岸三工 22、23 号漫溢决口百余丈，大兴受灾村庄 165 个，淹地 16.24 万亩；宛平受灾村庄 46 个（今属大兴），淹地 3.16 万亩。1924 年 7 月，大雨滂沱，夜以继日，黄村一带几成泽国。8 月 7 日，永定河黄土坡段决口近 30 丈。同年，全县 200 余村受灾。1939 年 7 月，连降大雨，永定河求贤、南北章客、赵村、石垡、梁各庄等堤段相继漫决，榆垡、南各庄一带村庄被淹，平地水深四五尺。同时，境内凤河亦多处漫溢，附近田禾被淹。1949 年七八月间，大兴地区阴雨连绵，全县约 30 万亩土地沥涝成灾。

1950 年、1956 年，永定河大兴段两次决口。

第一次，1950 年 7 月 19 日，梁各庄口门外北小埝断堤决口，京津铁路护路堤被冲，未造成大灾。

第二次，1956 年 7 月下旬至 8 月上旬，永定河上游官厅山峡地区和大兴境内连降大雨，整个山峡区总降水量达到 4.16 亿立方米。8 月 7 日凌晨，永定河西麻各庄险工段决口，洪水涌出口门后，以 4.5 公里的宽度灌向东南，每秒高达 2500 余立方米流量的洪峰过境北京三家店、卢沟桥。8 月 7 日，西麻各庄大堤决口，致洪水淹没大兴、廊坊、武清等处共 908 平方公里。此后，永定河未发生决口。

之后水灾主要是沥涝，共有 25 个年份发生，且集中于 20 世纪五六十年代，80 年代无水灾，沥涝严重或比较严重的有 9 个年份。

1950 年 7 月 17 日，全县普降大雨，凤河、龙河、天堂河发生决口，刘村、磁各庄一带及宋庄、佟场一带庄稼被淹，水深达 0.6~0.7 米。8 月初，全县又普降大雨，凤河、龙河、天堂河先后决口 137 处，漫溢 76 处，境内积水汪洋一片，深处达 1.7 米，浅处也达 0.4~0.5 米。这一年，全县 100% 村庄受灾，沥涝土地 88 万亩，占总耕地面积的 93%，其中，30.7 万亩绝收。1959 年，大龙河、小龙河、天堂河、凤河共决口 188 处，漫溢 36 处，平地积水 0.2~0.9 米，淹涝农田 82.7 万亩，占秋粮作物面积的 97.3%；倒塌房屋 11322 间，冲毁闸、桥、涵 36 座。这一年，全县农田失收面积 11.3 万亩，重灾面积 11.3 万亩，轻灾面积 34.7 万亩，农业经济损失达 743.2 万元。

从相关的记载还可以看出，大兴降水资源贫乏，年降雨量偏低且集中于汛期，故自古以来旱灾也是大兴主要自然灾害之一。旱灾多发生在春季，秋季次之。

三、爱永定河，治永定河

（一）从“无定”到“永定”

永定河孕育北京城，养育北京人，培育北京文化，涵育北京生态，是北京的母亲河。筑堤束水是永定河历史上抗御洪水最主要的手段。自金代定都北京开始，便在河床两岸进行大规模的河道治理，元代郭守敬治理永定河、明代李庸修筑堤坝、清代康熙帝根治水患、李鸿章治水以及 1924 年开始的卢沟桥分洪侧闸等，都是有重大影响的治理工程。

金元以来，由于上游水土流失严重，泥沙淤积，永定河成为地上河，每遇洪水，经常决口，平均 7 年发生一次水患；明代森林植被局部恢复后，永定河平均 13 年泛决一次；到了清代，上游水土流失日趋严重，导致永定河 3 年泛决一次。永定河改道过多次，致使卢沟桥以西至西山脚下，地形多为南北走向的大沟。康熙七年（1668），永定河“决卢沟桥堤”，洪水涌入北京城。因而，治理永定河、防治水患成为清代统治者至关重要的大事。

清代永定河大的治理主要有 3 次：康熙三十七年（1698）于成龙治理浑水；雍正三年（1725）怡亲王允祥治理永定河；乾隆二年（1737）大学

“保卫神京”牌匾

士鄂尔泰提出河流改道，以北堤为南堤，改挑新河，并在下游建闸开引河，但由于下游淤积严重，治理收效甚微，每到汛期，上游水势迅猛，泥沙随之而下，下游水势减缓，水退沙停，日积月累，淤积严重，多次治理不能根除。

康熙三十七年（1698），保定以南的大清河、子牙河、漳卫南运河与浑河汇合，水势凶猛，泛滥成灾。康熙皇帝曾去浑河河堤亲自查看，责令于成龙治理浑河。于成龙采取疏浚河道与加强筑堤并用的措施，“自良乡老君堂旧河口起，迳固安北十里铺、永清东南朱家庄，会东安狼城河，出霸州柳岔口三角淀，达西沽入海，浚河百四十五里，筑南北堤百八十余里”。因于成龙在大兴治水成功，为了纪念此次治河活动，康熙皇帝赐名“永定”，祈求河水安澜。后扩指全流域。

让永定河“湍波有归”“安澜永定”，曾经是多少代人的梦想……

1954 年，我国第一座大型山谷水库——官厅水库落成。从此，永定河北京段再没有大规模决口。到 1980 年，永定河来水逐渐减少，上游建起污染企业。1990 年，永定河三家店以下河段彻底断流，永定河官厅水库水质下降为劣五类，河性发生改变，河床出现粗化，地下水超采，地下水位埋深下降，土地沙化，形成沙源，风沙灾害加剧，永定河由多水变为缺水，由水灾为主变为风沙灾害为主，此后官厅水库被迫退出北京饮用水系统，仅用于工农业和城市河湖补水。2004 年永定河入官厅水库入口处，黑土洼人工湿地投用，可有效削减污染物。三年后，官厅水库恢复为北京备用水源地。2010 年北京市启动“五湖一线一湿地”治理工程，全长 18.4 公里，形成多个滨水公园。2016 年国家启动永定河综合治理和生态修复工程。2019 年永定河首次引黄入京，开启跨流域试验性生态补水。

（二）治水，只为安澜永定

纵观永定河的历史，就是一部治理河流的历史。永定河防洪治理的文化精髓在大兴。永定河大兴段全长 50 余公里，流域周边保存着丰富的历史遗迹、非遗文化，拥有丰富的农耕文明文化和良好的生态基础。

赵村是大兴永定河管理所所在地，濒临永定河大堤，这里有河神祠遗址，存有乾隆河神祠碑、永定河事宜碑、查河工交土告示碑、永定河渡口碑等，附近左堤还有清代治理永定河的求贤坝遗址，是清代的防洪设施和永定河最后一次堵决口的遗迹遗存。

历史上，永定河治理中包括大兴段在内的平原段筑堤束水的做法，曾被纳入康熙皇帝治水的大框架中，成为了治理黄河的试验场，从而更加突出了永定河大兴段治理的特殊地位和重要作用。鉴于大兴段治水的重要性，康熙皇帝巡视永定河工程和水灾情形的必经之地和最主要落脚点也集中在大兴。从史料记载来看，其登舟之处主要是鹅房、十里铺等地。巡视回程则大多驻跸南海子，稍事休整后返回京城。这就使永定河大兴段带有了鲜明的皇家治水色彩。

康熙年间永定河治理的重要措施是修筑永定河大堤。康熙以前，永定河无固定河床。康熙三十七年（1698），修筑永定河左岸北章客至永清县张家务段沙质堤岸。康熙四十年（1701），往北接筑北章客至高家铺（今高家堡）段堤岸，从此卢沟桥以下至永清县界段河床固定，河水 30 余年顺轨安流。永定河逐渐成为地上河之后，因沙质堤岸不坚固，年年出现险情，大兴段左堤出现多处险工堤段，经常决口。这一时期对永定河的治理是以护堤护岸为主，修建了三座减水草坝——为防河水大溜直冲险工堤段，清乾隆年间，分别在求贤村西、西胡林村南、崔指挥营村南各建减水草坝一座。求贤村西草坝改建为灰坝（现旧址尚存）。此后均未得到有效治理。

随着大兴水利事业的快速发展，永定河上游修筑官厅水库后，洪水危害得到有效控制。1950 年 5 月开始全线复堤加固工程建设。在石堡至刘家铺 2 公里堤段内，实施复堤工程，同时修补残堤 1.12 公里，共完成土方 4.6 万立方米。将石佛寺至梁各庄堤段裁弯取直。1951 年 3 月至 4 月，对北天堂至十里铺河段进行复堤，全长 41 公里，将原堤加高 0.8~1.5 米，堤顶宽增至 8 米。同时，修筑曹辛庄至北运河龙凤闸段新北堤。1977 年 9 月开始，按照《卢沟桥至梁各庄永定河河堤段治理规划》进行全线复堤加固工程。

为改变沙质大堤被河水一冲即坍的情况，1952 年在立垡建临时性干砌石护坡 1 处。1954 年 4 月，在辛庄村西险工段试做 84 米干砌石护坡，获得成功。1959~1964 年，对堤防险工段堤坡进行改建，新建干砌石（砖）护坡 14 段，总长 2079 米。1964 年 10 月至 1965 年 6 月，将十里铺原一段长 400 米干砌石护坡深挖基础，改建成浆砌石护坡，把半永久性工程推进到永久性工程。至 1989 年，逐渐将各险工段新建或改建成浆砌石护坡，共计 23 段，总长 7979 米。

这一时期的永定河治理，1958 年前以固堤、防洪抢险为主，1958 年后以护岸和束窄河道、固定河槽为主。堤岸滩地植树，可起固滩护堤及治导作用。1958 年，大兴堤段内植树 83.7 万株。1960 年 3 月，营造护岸林 1251 组，共计 4586 株。此后，每年植防护林并更新换代，树种也有增加。至 1990 年，大兴堤段内有树 88.5 万株。

因大兴地处永定河左侧，地势低洼，凤河、龙河、天堂河等境内河流没有堤防，也经常泛滥成灾。20 世纪 50 年代初至 90 年代初，除了对永定河进行了大规模的复堤、护堤工程建设外，对境内其他河流，也多次实施疏浚、筑堤、调直、改道等治理工程，开挖了新凤河、凤港减河、通（州）—大（兴）边沟等新河道。在治理主要河道的同时，按流域进行了系统的排水工程建设。到了 20 世纪 60 年代中期，洪涝危害基本得到了根治。

大兴的水利灌溉工程建设是与治洪治涝工程同步进行的。1949 年春即开展了挖井抗旱的措施。20 世纪 50 年代中期，开始大规模的平原水柜、水库工程建设。50 年代后期，开始进行以永定河、凉水河为水源，以境内自然河流为主要输水河道的灌区工程建设。到了 60 年代后期，逐步形成以永定河灌区为主体的 3 个灌区。70 年代，随着地表水供应不断减少，农用机井迅速发展。80 年代中期以后，农田灌溉以利用地下水灌溉为主，地表水灌溉工程系统基本处于待运行状态，以渠道衬砌、喷灌为主的节水工程开始发展。至 1990 年，区域内形成具有地下水、地表水两套灌溉系统的较完整的排灌体系，近 90% 的农田成为旱能浇、涝能排的稳产高产田。

永定河的治理一直是大兴治水中的重头戏。1975 年市水利局成立永定河管理处，大兴县水利局在定福庄乡赵村南设永定河管理所。1987 年在大兴县防汛抗旱指挥部下设永定河防汛分指挥部，沿河各乡、镇相应成立领导机构，这种管理体制一直沿袭至今。按照行政负责制的原则，形成永定河较为完善的防汛抢险指挥体系，并制订了各种防汛预案。1991 年，大兴加大对永定河的治理，将左堤大兴段历史遗留下来的 8 大险工全部翻修改造，改成水泥联锁板护砌，使河道行洪能力增强，防洪标准提高。2005 年 7 月，大兴区水务局永定河管理所由过去的自收自支改为区财政全额拨款的事业单位，其主要职责是永定河大兴段涉河事务的专业管理。至 2010 年，永定河管理所已形成有线、无线和微波相交替使用的防汛通信网络，建有雨情、水情、灾情自动遥测系统和气象卫星云图接收系统。

为控制、防御洪水以减免洪灾损失，大兴修建了一系列防洪工程。永定河大兴段的防洪工程加固建设体系从 1998 年开始至今已初具规模，防洪标准基本达到百年一遇。左堤按水面线超高 2.5 米修筑。永定河左堤大兴段有 42.7 公里堤防相继加宽到 25 米，占主堤防长度的 78%。主堤内 23 公里险工已全部按深做护砌标准进行了治理，223 公里平工部位内侧坡进行了护砌，护砌深度为 2500 立方米 / 秒线以下 30 米，部分质量较差的浆砌石护坡得以翻修，58 座丁顺坝、10 处汛铺房、92 处上下堤道口逐年完善，这些水利工程建设使永定河的百里长堤防洪能力进一步提高。

四、裁云剪水，打造未来的“母亲河”

永定河是全国四大重点防洪江河之一，早期的永定河治理工程建设多以防洪为主，曾先后多次发动对永定河的加固工程、河道的清淤工程，历经多年整治，渐渐地治理住了永定河，其防洪安全得到了很大提高。

“永定河，出西山，碧水环绕北京湾。”一曲《卢沟谣》道出了永定河与北京城的关系。然而，20 世纪 80 年代以来，随着工业化进程加快，北京水资源紧缺，永定河有限的水资源几乎全部用于北京西部工业建设，使三家店以下 70 多公里的河道断流、干涸，河道内因历史原因形成了许多大大小小的沙坑。由于坑壁陡峭，植物无法生长，河床逐渐沙化，冬春季节，风沙弥漫。随着沿岸地区经济的发展，入河污水排入量逐年增多，河道被污染，使得永定河及沿岸的生态环境逐步恶化，这条“母亲河”早已因持续干旱和地下水过度开采而常年断流，部分河道甚至成为京西主要风沙源，严重影响了其作为北京“母亲河”的形象。

直到 20 世纪 90 年代末期，治河理念发生了变化，从传统的工程水利向资源水利、生态水利逐步过渡。北京城市总体规划将永定河定位为“京西绿色生态走廊与城市西南生态屏障”，防洪、供水、生态是永定河三个重要功能。

从 2017 年 4 月开始，北京市启动了一系列综合治理与生态修复工程，在15项建设工程中，永定河和清水河水源涵养林、森林质量精准提升、妫水河世园段水生态治理等工程已完成主体工程建设，新增造林3万亩，森林质量提升4.6万亩，新增湿地1000亩；官厅水库八号桥水质净化湿地、房山区河岸景观林、大兴区永定河外围绿化等6项工程已开工建设。到2022年，170公里永定河绿色生态廊道将基本建成；到2025年，永定河将初步恢复自然河流功能，成为一条“流动的河、绿色的河、清洁的河、安全的河”。

为促整体生态修复，国家发改委、水利部、国家林业局联合印发《永定河综合治理与生态修复总体方案》；北京把永定河生态走廊与水岸经济带建设列上工作日程，先后出台了《永定河绿色生态走廊建设规划》和《永定河绿色生态发展带综合规划》，市发改委、市水务局、市园林绿化局公布的《北京市永定河综合治理与生态修复实施方案》中，将永定河北京段的治理建设任务分解为36项具体工程，并新增城市公园、森林质量精准提升等10项内容。

实施三项措施，即：保障生态用水和形成流动的河，同时强化本地节水，协调上游地区实施区域用水结构调整，压减河道沿线地下水开采规模，通过节流增加永定河生态用水；通过建设小红门等一批再生水利用工程，实现本地水循环利用，用本地再生水为永定河补水；增加应急外调水，协调上游省市适时加大下泄水量，增加域外省市对永定河生态用水补充，回补地下水，加快全流域生态恢复。以上三项措施可逐步完善永定河生态补水体系，优化生态水源配置格局。当河道生态用水得到基本满足，地下水超采状况初步缓解，永定河也会逐渐流动起来。

在方案里，永定河沿线将编织绿网，新增18万亩滨河森林，新建5.5万亩滨河公园，大幅改善沿线人居环境，逐步形成“绿色的河”。

推进水源涵养林和绿色景观带建设，优化山区绿屏，让滨河地带重新绿起来。全面完成流域内荒山绿化和低覆盖度灌木林地、疏林地造林，利用流域内农用地、废弃地、拆迁腾退地、宜林地绿化造林，将累计新增生态涵养林14万亩，景观林4万亩，同时森林质量精准提升38万亩，实现永定河滨河绿色景观带的贯通。

随着地势渐缓，大兴地区将形成由滨河森林公园编织起来的平原绿网，大兴永定河等滨河森林公园将在永定河沿线累计新增滨河森林公园 4.2 万亩、绿道 200 公里，展示永定河“母亲河”文化。

到 2022 年，永定河绿色生态廊道将基本建成，北京新机场临空经济区、官厅水库、新首钢三大生态节点将全面建成。届时，官厅水库周边将新增森林湿地水面共 4.5 万亩，北京新机场临空经济区周边将新增森林湿地水面共 5 万亩。永定河将成为撬动大兴发展的杠杆，为市民带来河道清水长流、沿岸绿树连绵、城乡山川交融的京西生态美景。这项生态修复工程确定了新增湿地水面 8 万亩的目标，将根本提升永定河水环境品质，构建“清洁的河”。

永定河同时也将成为一条安全的河，170 公里河道全面完成加强防洪薄弱环节建设，并推进重要支流生态修复。经过全面治理，永定河北京段将不仅仅是景观河道，还将重现鱼跃河塘、百鸟觅食的自然生态美景。

第二节
大兴和水的故事，才刚刚开始

大兴境内各河流扇状分布，依地势延伸，加上各支流，形成了覆盖大兴全境的河道网络。春旱则河道干涸，雨量稍大则泛滥漫决，自古大兴涝渍灾害严重，中华人民共和国成立初期，全境易涝面积占总耕地面积的 80%。因此，这些河流的治理也是大兴治水不可或缺的一部分。

河流治理是水系改造的重要内容，大兴区通过河道的整治，在满足防洪、排涝及引水等河道基本功能外，加上人工修复措施，促进河道水生态

系统的恢复，构建健康、完整、稳定的河道水生态系统。这些系统工程，使得在新时期大兴和水共同发展的故事，才刚刚开始……

一、引水排水，让水系舞动

（一）引水渠引水工程

为减少以永定河床为输水道的渗漏损失和严重淤积问题，1964 年 3 月至 5 月，卢沟桥建造引水闸和引水渠。闸址在卢沟桥（旧石桥）下游左岸 400 米处。1970 年 8 月至 10 月，将卢沟桥至北天堂 7.5 公里的渠堤加高培厚，北天堂以下 700 米引渠展宽，新做混凝土衬砌 1.5 公里，整修衬砌 5 公里，改建节制闸、跌水、大车桥 6 座，修石护坡 1800 米，引水流量增至每秒 40 立方米。

（二）涵洞引水工程

1959~1960 年，在立垡村西永定河左岸建引水涵洞——立垡涵洞。引永定河水入新凤河、凤河，涵洞由直径 1.5 米、长 20 米的 3 排钢筋混凝土管筑成，最大引水流量每秒 20 立方米。工程包括上游护岸、护底及下游输水渠、沉沙池的挖掘等工程，芦城、黄村、垡上、青云店、朱庄、长子营、采育、大皮营、凤河营、西红门、金星、孙村、太和等地区受益，有效灌溉面积 30 万亩。1964 年卢沟桥引水工程修建后停用。

（三）引污工程

1969 年，建成凉水河上段引污工程，引北京地区西半部的工业、生活污水，由北大红门节制闸流入大兴。渠道走向由忠兴庄折向西南，经瀛北支流排水沟，在北野场闸前入新凤河，接北野场灌渠，在河北辛庄入大龙河。最大流量每秒为 8 立方米。建闸 17 座、桥 27 座、铁路涵洞 2 处、渡槽 1 座、跌水 1 处，护岸工程 1000 米。

1969~1970 年，建成凉水河下段引污工程。凉水河污水由通县角门子经房辛店灌渠入大兴界，穿越凤港减河与东辛屯灌渠衔接入凤河。引污渠全长 6.59 公里，大兴境内长 1.58 公里。境内建节制闸、分水闸各 1 处，加

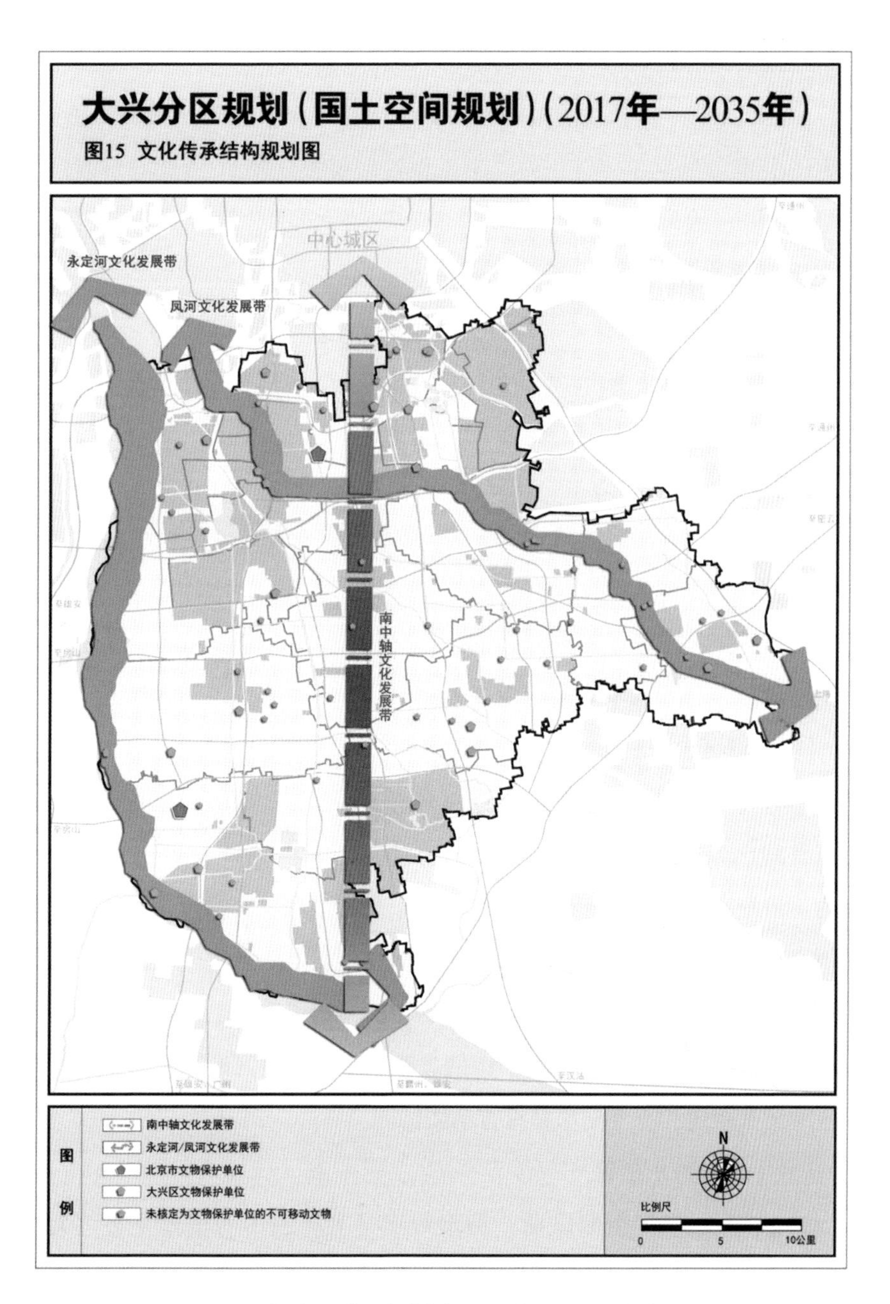

Ⓐ 大兴分区规划（2017 年—2035 年）

固旧桥基1处、出水口1处。

为改善北京市内环境卫生条件，1975年建黄土岗引污工程。由吴家村泵站经黄土岗胜利渠，将石景山地区污水引入大兴，至李营闸入新凤河，总长16.58公里。其中吴家村泵站至黄土岗胜利渠，为暗埋混凝土拱沟，长5.15公里。再至羊坊村，为混凝土板衬砌明渠，长11公里。羊坊至李营闸为土渠，长380米。

（四）蓄水工程

1955年，芦城乡在小河滩、晓月居、天堂河3处“泡子”围埝筑堤，建成3座水库，总蓄水量60万立方米，汛期拦蓄河水为春灌水源。1956年11月，在龙河上游建黄村水库（排灌两用），面积1.08平方公里，最大蓄水量70.86万立方米。1957~1958年5月，相继修建青年、赵村龙王庙、石垡、前管营、前大营、桑马房、皮各庄、念坛8座中型水库，总面积2.33万亩，总蓄水量4147万立方米。各水库之间以引渠串联。1961年初，仅留青年、念坛、三海子、前管营、魏庄水库。1985年后，念坛水库干枯。1990年，念坛水库面积为2374亩。

（五）灌区工程

1957年冬修建永定河灌区，1958年春开始运行。该灌区控制除红星北部以外的全部农田。灌区始由鹅房大闸引永定河水入青年水库，以青年水库为一级配水调节池，逐级向念坛等水库及天堂河、大龙河、小龙河、新凤河、凤河等河流输水。1960年春永定河立垡引水涵洞建成后，永定河水直接输入新凤河、凤河。1964年建成永定河卢沟桥引水工程后，在立垡设配水站，向各水库、河流输水，田间工程未变。永定河灌区按输水渠道分为3个配水系统和1个配水站直管小灌区。

（六）农田排水工程

20世纪60年代中期以前，沥水致涝是大兴农田的重要灾害。大兴县政府始终将排涝工程列为农田基本建设工程之一。1949年，挖排水沟52条，总长79.5公里，可以为28万亩农田排水。1953年，挖排水沟42条，总长15.8公里。1955年，新挖和整修排水沟18条，总长145公里，控制流域面积 234.03 平方公里。1959 年，在有计划的灌区建设中，田间排渠始按系统修建。

二、凤凰于飞，凤河主支流治理

凤河，原发源于团河地区，1955 年自南大红门至通县马驹桥段挖通，将凤河上游水导入凉水河，称为新凤河。凤河则改源于南大红门分水闸，于凤河营出境入廊坊市。

（一）主河道治理

1950 年，对凤河上段（东大屯至大回城）3 公里、下段 22 公里河道分别进行清淤，凤河自此有了固定河床。凤河在 1962 年以前，上游未进行疏挖，其堤身残破，河道变形，断面狭窄，淤积严重，不能满足泄洪要求。1970~1971 年，对长达 20.1 公里的蒲洲营至安次县乃自房桥段进行整治，将采育桥至乃自房段进行裁弯取直，修建桥、闸、涵等建筑物 18 处，排涝标准为二十年一遇，共计完成土方量 210.9 万立方米，浇筑混凝土量 3570 立方米。1983 年冬至 1984 年春，对采育闸至大皮营 5 公里段进行开卡疏浚，完成土方量 23.34 万立方米，混凝土量 2708 立方米，排涝标准为二十年一遇。河道上先后修建东辛屯、靳七营、采育北和凤河营 4 座河道节制闸，控制堡上、太和、青云店、长子营、采育、大皮营、凤河营 8 个乡镇土地的排灌。1991 年 10 月，大兴组 3000 多人，出动机械 500 余台，历时 30 天，对新凤河进行治理。1994 年 2 月 1 日通过合作，在新凤河上段兴建一条“台湾街”，将此段新凤河由明河改为暗板涵工程。整体工程为铁道部建筑研究设计院设计。

1994 年 7 月 12 日，受暴雨侵袭，凤河排洪不畅，致使沿河近 10 万亩粮田和 5000 亩蔬菜受淹，1000 多亩鱼塘漫溢，造成直接经济损失 4200 多万元。1995 年，大兴政府对凤河上游进行治理，按二十年一遇标准疏河筑堤，新建、改建配套建筑物，使凤河水环境得到了提升。

（二）支流治理

旱河。长 24.7 公里。1976 年 11 月至 1977 年 8 月，将其上游（魏善庄公社羊坊村至青云店公社北）改线并新建桥、闸、跌水等建筑物 24 处。1979 年 11 月至 1980 年 6 月，将其下游（自青云店北至北蒲洲段）改线，新建桥、闸、跌水等建筑 30 座，完成土方量 62 万立方米，混凝土量 3750 立方米，浆砌石量 3800 立方米。改线后称为新旱河。1987 年 10 月至 1988 年春，进行全线清淤，完成土方量 17.6 万立方米，混凝土浆砌石量 1426 立方米。清淤后排涝标准达二十年一遇。河道上建有肖家园、东店、永和庄等河道节制闸。

岔河。属于凤河支流，位于大兴中部，全长 18.2 公里，跨越青云店、安定、长子营、采育 4 个镇。1975 年 10 月 ~ 1976 年 7 月，对全线裁弯取直，修桥 15 座，建桥闸 2 处及跌水、跌水闸、护坡各 1 处。1989 年冬，青云店、安定、魏善庄、朱庄、采育 5 乡镇对岔河全线进行清淤。清淤后流域内 5 万亩农田排涝标准达二十年一遇。近年来，按照“先紧后缓、由内向外、分类整治、整体推进”的原则，大兴区水务部门组织人员在河道中分段种植各类水生植物，大力推行河道绿色立体生态系统建设。以前河里没有水，河坡上尽是垃圾。如今的岔河河流清澈，碧波荡漾，已然成为一道亮丽的风景。为了促进生态系统的修复和重建，大兴区水务局利用和保护现有生态系统良好的河段，修复和补植生态系统欠缺或缺失的河段，使河堤与河岸形成丰富多样的绿化带，并通过水生植物保持水土，净化水质，营造水景。通过河道环境整治工程，岔河不仅生态效益得到大幅提升，水质也得到了明显改善。

官沟。长 15 公里，流域面积 50 平方公里。水道窄小，流水不畅，经常淹地渍涝成灾。1960 年冬进行了疏浚。1963 年，再次进行官沟整治工程，扩建桥 3 座，新建堤上营桥和涵洞各 1 座，达到十年一遇排涝标准。1971 年，对官沟下段进行改线，自凤河营张各庄公路桥往南直接入凤河，长约 1.8 公里。

三、蛟龙得水，龙河综合治理

（一）主河道治理

包括大龙河、小龙河及大、小龙河汇合后龙河的治理。

大龙河。全长 25.15 公里。流域沙质壤土多，河槽浅且窄，宣泄能量低，极易涝地。1950 年 5 月进行全线疏浚。1955 年，疏挖黄村大桥至吴庄段并将两堤加高培厚，同时将潘家马房至伙达营段裁弯取直，总长 17.4 公里。1959 年秋，将安定桥至汇合口皋营长 3.5 公里段河道进行拓宽加深。1969 年，对上游 14.69 公里进行疏浚，建桥 6 座、跌水 5 处。1986 年，再次进行全线清淤，整修建筑物 16 处，排涝标准达到二十年一遇。结合灌溉，沿河修建辛店、后大营、魏善庄、河南辛庄 4 座拦河闸。

小龙河。全长 21.39 公里。1962 年 3 月 ~ 5 月，对小龙河进行全线疏挖，修桥 3 座，排涝标准为十年一遇。1975 年 2 月 ~ 10 月，对小龙河河道进行裁弯取直、改线开挖，全长 24.6 公里，建桥 9 座、跌水 1 处、跌水闸 2 处、弯道护坡 4 处、水簸箕 13 处。治理后解决了 7.5 万亩耕地的排水问题。结合灌溉建成前大营、枣林和西沙窝拦河闸。

龙河。1962 年和 1975 年先后两次进行清淤清障。

（二）支流治理

田营排沟是排入龙河的一条主要排水沟。1962 年，对田营排沟及其支流礼贤排沟进行清淤，总长 17.83 公里，修桥 6 座。1987 年，再次进行全线清淤，新建和加固旧桥计 5 座，建跌水 1 处、排水口 8 处。在疏挖治理主河道及支流的同时，疏挖了田间排沟。

四、人间天堂，天堂河河道排沟治理

（一）主河道治理

天堂河，流经礼贤镇境内，属永定河水系，发源于永定河畔东侧的北天堂村南及立垡村东一带，是一条跨省市的排水河道。天堂河道土地为沙质壤土，河床浅且宽窄不一，有多处坑塘，加之年久失修，堤防破碎不全，导致行洪不畅，泛滥频繁，殃及百姓。在20世纪50年代，大兴便开始对天堂河进行上、中、下游的全线开挖疏浚，使天堂河初具河形，解决了排水问题，并对下游西梁各庄段进行了大规模的清障工程，同时培筑堤岸，拆改旧桥两座，开发水源，拦蓄地表水，发展灌溉事业，解决河床漫溢等问题。

1960年，为确保京津铁路落垡铁路桥安全，将南各庄以下河道改道，使天堂河直接流入永定河。1961~1962年，大兴在东宋各庄开挖新天堂河后，将京开公路辛立村（新桥村）至东宋各庄天堂河段进行了裁弯取直治理工程，全长9公里。建桥9座，加固桥2座，建闸1处、涵洞7个、水簸箕3处。

1973~1975年，先后两次对天堂河全线进行清淤开卡等治理，上起埝坛水库南闸，下至河北省安次县天堂河入河口，全长36.7公里，修桥9处、跌水3处、水簸箕11处，治理后的天堂河排涝标准达二十年一遇，使整个流域内的农田排涝灌溉得到了保障。

1977年开始，大兴曾遇连续3年的高降水量，天堂河下游在汛期时遭遇顶托，沿岸农田受淹，庞各庄镇幸福桥被冲毁。鉴于此，1979年12月至1980年1月，再次对天堂河下游进行开挖清淤，以解决涝地，增强其抗洪能力。整治后，河道已成为一条堤岸整齐的排水河道，结合防洪除涝，沿河修建了5座河道节制闸蓄水灌溉，排水站4座，并挖沟排盐碱。流域旱涝碱问题基本得到解决。

2015年，为配合北京大兴国际机场的兴建，将天堂河北移改道进一步治理，改名为“永兴河”。“永”取自“永定河”，因其属永定河水系，新名称与永定河名称承联，一河之水，一脉相承；“兴”取自“大兴”，因其位于大兴境内，属大兴区域内河流；“永兴”有永远兴旺发达、繁荣昌盛之意。“永兴河”不但美化了机场及周边的环境，更寄托了全区人民的希望。

（二）支流治理

大狼垡排沟。源于半壁店乡西枣林村，至大辛庄乡东梁各庄入天堂河，长 15.7 公里。1962 年 11 月至翌年 5 月，对其进行清淤，修桥 5 座。1971 年 10 月，清淤孙家场村至东庄营段，修建筑物 5 处，达十年一遇排涝标准。1975 年，按二十年一遇排涝标准重新进行全线清淤。1985 年和 1989 年，又先后对其上段和下段进行清淤。1989 年，又改建桥 3 座，新建跌水 2 处、排水口多处，流域内达到二十年一遇排涝标准。

团城排沟（长 7.3 公里）和大马坊排沟（长 2.5 公里）。两条排沟于 1962 年挖通，流域内达到十五年一遇排涝标准。

五、更换“滤芯”，凉水河纳污河道治理

（一）主河道治理

凉水河是北京市市级管理的主要排水河，从小红门入大兴县境，于二号村出境入通州，境内长约 10 公里。河床多细沙，河道蜿蜒曲折，河坡易塌陷。1954 年和 1960 年两次开挖治理均中途停工。1961 年 5 月，北京市组织动员全市公安、财贸口职工及大兴、通州的民工再次疏挖治理凉水河，大兴负责新凤河疏浚及旧桥改建等工程。经此次治理后，达到二十年一遇排涝标准。

凉水河主要排泄北京西部、南部和石景山、丰台北区东部及朝阳区西部的工业废水与生活污水，排污总量（不包括引进水）7 立方米 / 秒。凉水河的排污量占北京市排污量的 40% 以上，是大兴东北地区主要水质污染源。近年来，大兴区经济生态全方位对接通州区副中心建设，两区携手对凉水河等重点流域进行治理，在河流沿线重点进行截污，从源头消灭污水直排。大兴区将日常的巡查清理明确责任主体和作业标准，全面落实区内河流各段的管理责任。经过治理的凉水河，水质得到了明显改善。

（二）支流治理

新凤河是 1955 年开挖的减河工程，为凉水河的主要支流，源头在大兴区芦城乡立堡分水闸，向东经狼垡、高米店、黄村、南大红门 5 个乡镇，在烧饼庄汇入凉水河，全长 30.01 公里，大兴境内 28.38 公里。流域面积

134.5 平方公里，最大设计流量 135 立方米 / 秒。

1960 年春，疏浚新凤河西红门至南大红门河段，长 19.3 公里，同时疏挖团立支沟及狼垡道口至团河段的排水沟，修建筑物 8 处。1961 年 5 月，在北京市治理凉水河工程中，大兴疏浚其支流新凤河南大红门至马驹桥段，培高加厚南堤，修建筑物 5 处。1975 年，将狼垡桥至北野场段河道再次清淤，建跌水 1 处、桥 3 座。结合灌溉需要，1990 年，新凤河沿河相继建成红闸、顶管闸、李营闸、北野场闸、烧饼庄闸、孙村闸。

新凤河是大兴区北部及黄村卫星城的主要排水、纳污河道，并承担着丰台西南部及亦庄北京经济技术开发区部分地区防洪排水和灌溉功能。2005 年 12 月启动新凤河水环境综合治理工程，工程主要利用世界银行贷款对新凤河黄村段，即从京九铁路到孙村闸 12.61 公里的河道进行整治，工程项目包括对新凤河进行清淤拓宽、河坡绿化、生态护砌、滨河路修建、旧闸拆除改建、交通路桥重建及建设闸涵启闭自动控制系统、污水截流、景观建设等工程，工程总投资 2.5 亿元，主体工程于 2008 年 1 月完成。整治后的新凤河，河道两旁绿植茂密，河道中和两坡种植荷花 6 万株、睡莲 5 万株、鸢尾 5 万株、香蒲 1 万株，各种植被四季点缀河道。

随着城镇化的不断发展和社会主义新农村建设的全面推进，对防洪安全保障、生态环境保障等提出了越来越高的要求，对水利发展也提出了新的要求。水系改造既是重要的水利设施，又是生态环境的重要组成部分，其中河道综合整治是一项长期工程，规划是关键，技术是支撑，管理是保障。加强大兴河道整治，还其优美、宜人、充满生机的原貌，是城乡建设发展的大趋势。按照“以水定区”“依水兴区”的理念，以防洪减灾与改善生态环境建设为目的，大兴区水务局等相关职能部门多措并举，着力解决河道水质污染、改善水环境，为整治河道做出不懈努力，取得明显成效：一是减少了水土流失，保护了农田用地不受洪灾；二是减少了因水土流失造成的土壤肥力丧失，大幅改善了长期以来由于河流破坏带来的诸多问题，对于保障两岸人民的正常生产和生活起到重要作用，有利于改善两岸各种大、中、小型提灌站的引水条件，保障两岸灌区和人民生活用水需求。通过清理整治，大兴辖区内的河道环境得到了极大改善，生态文明建设的成效进一步彰显。

六、各尽其用，水循环利用与污水处理

大兴以生态发展为依据，在整个水环境治理过程中，坚持“有水则清，无水则绿”的原则，针对本区域水资源黄乏、水污染较重的现实，为充分利用有限的水资源，大力倡导节水型社会建设，通过深入推进涉水一体化机制，努力提高水资源利用率，取得了良好的实践效果。

在污水治理中，从加大监管、整治河道、建立污水处理厂 3 个方面入手。大兴区水务局与环保、市政等部门建立联动机制，加强对污染企业、排污行为等的监管监控，严把工业企业准入审批关，对污染企业进行限批；加大对排污企业的监督检查力度，推进企业废水处理设施升级改造，加强运行监管，严厉查处违法排污企业。

随着污水处理设施的加快建设，水环境污染趋势得到有效控制，工业污染得到有效防治，城镇环境质量得以提高，实现生态保护与经济发展相协调的战略目标。

在堵住水环境污染的同时，注重提高出水水质及污水回用率，利用中水回灌河湖景观，缓解水资源不足，实现水资源的综合利用，进而实现大兴区生态环境与经济的协调发展。

治理加监管。2002 年，大兴水环境监测中心成立，成为大兴水安全红线的“第一卫士”，主要职能是监测大兴区内的地表水、地下水、雨水、再生水、生活饮用水和排污口的水质，负责区城内水环境分析评价和研究，承担建设项目水环境影响评价及水质水环境监测方面的技术咨询、培训等相关服务。

为了更有效地实现水环境监测，大兴在硬件设施上先后配备了电子天平、原子吸收分光光度计、气相色谱仪、红外测油仪、流动分析仪和应急监测车等设备。为了防止突然断电对仪器造成的影响，配置了 UPS 不间断电源。设备的升级和改进使大兴水监测上了一个新台阶，在全北京的水环

境监测中名列前茅。先进的仪器配上专业的实验室，构成了先进的水环境监测中心，安全、稳定地运行各种检测仪器，达到水利部的规范标准。

七、河长制度，变绿了老凤河

徜徉在水清岸绿的大兴老凤河岸边，你很难想象它不久前还污浊不堪的样子。而这重大的改变不能不说是推行“河长”制的结果。

在河边，立着一块河道治理的提示牌，提示牌上除了标明河道基本情况外，还注明了“三级河长”。河长的管护职责有明确的规定，那就是实现河湖周边无垃圾渣土、无违法排污、无新增违法建设、无水面漂浮物、无水体黑臭现象。

为做好河长制工作，进一步清理整顿各类违法设置入河排污口、乱占乱用水域岸线等行为，设置市、区、乡镇（街道）三级河长制办公室。市、区总河长对辖区河湖管理和保护工作负总责，领导和监督本级和下级河长组织体系的建立，对河长和相关部门履职情况进行督导，对目标任务完成情况进行考核，对成效突出的河长进行奖励，对不履职的河长严格问责；副总河长协助总河长开展工作。

市级河长负责统筹推进流域综合治理等工作，协调上下游、左右岸开展流域保护；根据年度重点任务，统筹推动水污染防治、水环境治理、水生态修复、水资源保护、水域岸线管理保护、防汛等工作；督导下级河长及市有关部门履行职责。

区级河长对河湖管理保护工作负主要责任。负责贯彻落实上级河长指示精神；开展流域突出问题整治，重点推进水污染防治、排污口和污染源治理、黑臭水体治理、断面水质改善、面源污染治理、水源地保护、防洪安全、河湖四至划定、执法监管等具体工作；落实中小河道管护责任和资金；对乡镇（街道）河长和区有关部门责任落实情况进行监督。

乡镇（街道）级河长贯彻落实上级河长指示精神；定期开展河湖巡查；组建巡查队伍，加强日常巡查；组织开展涉河湖违法建设、对岸线乱占滥用、盗采砂石等问题进行综合整治；加强城乡点面源污染、农村及城乡接合部污水乱排、环境卫生等重点污染源管控；配合有关部门解决河湖保护突出问题；督导村级河长开展工作。

大兴区积极贯彻落实河长制，按照“治水要从治村抓起、保水要从保绿抓起、节水要从种植抓起、管水要从沿岸抓起”的工作要求，加强河湖水系治理统筹谋划，在加快水环境治理进程方面，明确责任分工，落实专职人员负责，实施市区镇村四级河长制，确保区内河流治理行动顺利推进。

老凤河位于观音寺街道辖区段约 4.75 公里，平均宽度 50 米，河岸生态环境与周边居民生活息息相关。观音寺街道在积极落实“三清”“三查”“三治”“三管”工作责任的基础上，又提出了“三巡”的要求，即每周一次常规巡河，每季度一次拉练巡查，每半年一次巡查例会。巡河，“赶跑”了污染企业，换回了良好的环境。同时，街道还创新河道治理模式，聘请两家第三方公司进行河道的日常管护工作，实行绩效考核机制，每月责成专人进行抽查，发现问题要在一小时内解决。

按照《水污染防治法》和《河道管理条例》等法律法规的要求，积极协调配合水利、环保、住建、国土、农业、林业、交通运输等部门，摸清水域岸线、入河排污口的情况，建立台账，列出问题清单，及时报送河长制办公室备案。定期对河长制工作取得的成绩、经验，存在的问题及意见建议进行总结，进一步抓好整改落实，巩固河长制工作。

落实好河长制责任，加强周边环境治理，针对问题精准发力，切实把河道治理工作做好、做实，这就是生态建设中“河长制”的重要体现。

第三节 水环境治理奏出综治“圆舞曲”

大兴区为北京市区的排水下游，分属永定河（平原段）流域、凤河（凤港减河）流域和凉水河流域。区管河道有永定河灌渠、新凤河、老凤河（含葆李沟）、北小龙河、凉凤灌渠、念坛引水渠等 19 条，总长约 356 公里。镇级河渠 229 条，总长约 660 公里。

凤河流域的村镇（源自《大兴县志》）

大兴区水环境治理迈出坚实的步伐，以务实的政策和过硬的措施奏出水环境治理的四支“圆舞曲”。

（一）第一支曲：系统治理从源头出发，推进污水治理和再生水利用

提升污水处理能力。“十三五”开始时，大兴区仅有9座农村污水处理站，覆盖村庄23个。“十三五”时期，通过新凤河流域综合治理工程、镇村污水处理和再生水利用设施项目建设等工程，全面推进农村地区污水治理工作，全区360个未拆迁村全部实现村口截污，进一步扩大农村污水收集处理设施覆盖面积，基本解决农村地区污水收集处理问题，防治农村生活污水直排入河，改善农村人居环境。扎实推进污水处理设施建设，通过新、改、扩建再生水厂，使大兴区污水处理能力提升至39.5万方/日；再生水生产能力提升至37.7万方/日，达标排放的再生水已成为大兴区河道补水的可靠水源。

消除入河排污口。按照“谁污染谁治理”“系统发力、两手治理”的治水方针，以问题为导向，着力解决污水直排入河这一导致水环境质量较差的主要根源。结合《大兴区排污口调查及污染溯源报告》排查成果，编制《大兴区入河排水口专项整治方案》，指导属地开展入河排污口专项整治工作。通过“消除排污口、整治一级支流、规范雨水口”等措施，开展全区范围内的污水直排整治工作。2018年专项整治由相关属地消除入河排污口共629处，整治入区管河道一级支流137条，排查整理雨水口504个。同时结合区生态环境局污染源整治及巡查管理，实行入河排污口“动态清零”，严防污水直排入河。

全面消除黑臭水体。大兴区有18条段黑臭水体，全长149公里。根据《北京市黑臭水体判定成果》，为推进河道整治工作，本着“科学治理、生态治理”的原则开展整治，通过河道清淤、垃圾清理、控源截污、生态调水等措施消除黑臭河段。铺设截污管线，建设污水处理站，处理能力达8920立方米/日，清淤175.48万立方米，种植水生植物14.6万平方米。2017年底完成建成区黑臭水体的整治，并通过北京市水务局组织开展的整治效果“初见成效”判定。2018年底完成非建成区黑臭水体整治工作，并通过整治效果“初见成效”判定。同时依托“河长制”，落实河道专业管护队伍，建立长效管护机制，开展巡查管护，巩固整治成效，防治黑臭水体反弹。

实施小微水体治理。扎实推进乡村振兴战略实施，全面加强农村河湖管理，满足人民群众“五性”需求，向农村地区沟道、坑塘、马路边沟、公园池塘等小微水体整治进军。实现“无垃圾渣土、无集中漂浮物、无污水排入、无臭味、无违法建设”五无目标。印发《大兴区小微水体专项整治工作方案》，开展小微水体排查整治，改善部分地区环境差的问题，提升农村地区人居环境质量。

（二）第二支曲：人与自然和谐共生，坚持统筹兼顾推进

新凤河流域干流长约30公里，流域面积166平方公里，西起永定河灌渠，流经大兴新城、亦庄新城，于马驹桥镇西北汇入凉水河，为3座新城水网的重要组成部分，是北京市河湖水系连通“三环碧水”绕京城西南部重要的一段，为大兴区北部地区及黄村新城的主要行洪和排污河道。

新凤河是国内近些年典型的以流域为治理单元的北方缺水型城市水环境综合治理项目，根据自然生态系统演替规律和内在机理，“统筹兼顾”“系统治理”，通过控源截污，引调再生水补给河道，修复河岸植被缓冲带和水生植物群落，构建多样河道生境，借助智慧水务监测、分析、预警和预案等功能，保护生态系统的发育，着力提高生态系统自我修复能力，增强生态系统稳定性，促进生态系统质量的整体改善，逐步恢复流域水生态系统健康，最终实现居民生活环境品质的提升和人与自然的和谐共生。

大兴区通过新凤河流域综合治理，目前全流域黑臭水体已消除，生态系统得到改善，流域人工栽植20种，自然生长约6种，总的水生植物覆盖度约40%；鱼类约7种，主要有鲫鱼、草鱼、鲢鱼、黄黝鱼等；大型底栖动物恢复良好，鸟类种类和数量逐渐增多，水生态系统生物多样性明显提高；根据《水生态健康评价技术规范DB11/T 1722—2020》，新凤河水生态健康综合指数约为78.2，相比治理前提升了约180%。

新凤河彻底告别了黑臭，流域防洪安全得到提升，再生水资源得到有效利用，水环境质量显著改善，水生态系统功能已初步恢复。

（三）第三支曲：群众需求导向以规划为本，开展综合治理工程

随着新机场、新航城等一批重大项目落地，河道流域内硬化比例增加导致流量激增，河道功能由原有的农田排涝和灌溉向防洪和排水转变，且随着河长制工作的推进，部分河道暴露出规划滞后带来的治理措施、功能定位等与实际发展现状不相适应的问题。河湖用地缺乏土地规划的统一安排，使得河长管理局限于河湖现状，缺乏对河湖发展的管控。

为解决上述问题，大兴区于2018年初启动河道规划编制工作，规划明确了河道管理保护范围，为河道治理及管理提供依据，支撑河长制落实，为全区河湖系统布局、水域用地划定、水环境改善及滨河建设管控提供了有力的技术支持。

在河道治理上以规划为基，采取先骨干后支流、先重点建设区后乡镇农村、先总体达标后疏通难点的建设思路推进，与城市建设开发、重大建设项目排水需求等时序相协调，同时在治理过程中以满足人民群众的热切需求为导向，以实现河道防洪达标为基础，融入水生态理念，从生物多样性入手，构建动植物群落，继续对河道实施补水，增强水体流动性，形成良性循环的水生态系统。此外，着力构建丰富的绿化层次，加快河道沿岸绿化景观提升，打造多树种、以反映自然和本地风光为主的河岸绿化景观，形成河道“蓝绿交织”的生态空间，不断增强人民群众的获得感、幸福感、安全感。

（四）第四支曲：以河长制为抓手解决治水管水突出问题

河长制推行以来，大兴区通过制订方案、落实制度、建立河湖专业化管护队伍等措施，有效解决河湖突出问题。例如，自2018年8月起，大兴区对乱占、乱采、乱堆、乱建等河湖保护突出问题开展专项清理整治行动，各镇、街道积极开展清理整治：黄村镇总河长带队，镇水务、环整、土地巡查、综治、城管等部门共同参与，组织沿堤4个村对左堤路沿线环境进行综合治理。出动车辆机械，拆除私搭乱建，取缔圈占河堤用地，清理乱堆乱放，清运垃圾渣土，拖移僵尸车，清理林地内乱停放车辆。瀛海镇集中开展四海支流清违建行动，出动人员2200余人次，车辆300余车次，大型机械100余台班，共清理违建200余处，约2500平方米，清理垃圾3000余方。长子营镇集中解决红凤灌渠长子营镇朱脑村段“乱堆”问题，总河长现场指挥，镇环保办、农办、水务站协同配合，共出动25人，挖掘机2辆，铲车2辆，运输车2辆，历时2天，共清理垃圾渣土300立方米左右……通过统筹部署、强化督办，合力整改，市级“四乱”问题台账涉及大兴区的163处问题已全部销号，河湖面貌明显改善。

大兴区以“河长制”为抓手，落实加强水污染治理、水环境治理、水生态治理等，持续开展河湖长效管护，实现河湖长治久清。

第四节 生态综治驶入快车道

20世纪70年代，随着工农业生产的发展，环境污染日趋严重，环境保护事业随之起步。1973年3月，大兴县计委组建三废（废水、废气、废渣）办公室。1978年4月，更名为环境保护办公室，隶属县建委。1985年4月，正式建立大兴县环境保护管理局，大兴生态文明建设列入了政府工作的日程。

党的十九大以来，大兴区的生态文明建设驶上快车道。

推进生态文明建设，核心是坚持节约资源和保护环境的基本国策，坚持节约优先、保护优先、自然恢复为主的方针，推进绿色发展、循环发展、低碳发展，形成节约资源、保护环境、发展均衡的空间格局、产业结构、生产方式和生活方式。2015年，党中央、国务院印发了《关于加快推进生态文明建设的意见》和《生态文明体制改革总体方案》的文件，提出了生态文明建设和生态文明体制改革的总体要求、目标愿景、重点任务和制度体系。

大兴区深入开展生态环境建设，形成了自上而下的生态文明建设体系，创文明城区，提升居民生态环保理念，取得了令人瞩目的建设成就：抓好大兴区污染防治攻坚战行动计划的各项任务；坚持问题导向，逐项梳理问题清单，统筹抓好各项工作落实，持续改善生态环境质量；牢固树立到一线研究问题、解决问题的意识，深入一线，现场研究解决问题；持续加大生态保护力度，坚持减量、创新、高质量发展，严格落实分区规划，守住生态保护红线、永久基本农田、城镇开发边界三条控制线。

大兴从天下首邑到农业大县，从农业大县再成长为开放繁荣、文明发达的京南新国门，发展历程最突出的表现就是令人瞩目的生态文明建设。从黄沙漫天到绿被花簇，从农业大区到科创高地，从浑河渡口到国门机场的蜕变，绿色生态故事书写了大兴生态的精彩篇章。

时至今日，“蓝绿交融新大兴”备受瞩目。大兴区生态环境治理成效显著，天空无边蓝锦，河流清澈如许，土壤绽放芬芳，“天蓝、水绿、土净、景美”，已经是这片京南大地的代名词。

一、迈向增绿添蓝

截至 2016 年，大兴区腾退低效闲置用地 2.8 万亩，减少各类污染企业 4000 余家，减少流动人口近 20 万人，先后建成了金融谷、电商谷、星光影视园等总部类高端项目，并吸引众多企业签订入区协议，通过推进城乡接合部改造，为破解首都人口资源环境矛盾进行了积极探索——“十三五”时期，西红门镇、旧宫镇和黄村镇等十余个村落内的工业大院、物流大院、小散乱市场等落后产能完成拆除腾退工作。其中，旧宫镇拆除约 40 万平方米的建筑面积，完成旧宫三村工业区拆除腾退工作。黄村镇重点抓狼垡组团和西片区 8 个村城乡接合部改造拆除腾退工作。西红门镇则将继续推进现有 4 个地块的拆除腾退工作。

在“增绿”方面：“十三五”时期，大兴对西红门、旧宫等城乡接合部地区部分腾退土地进行绿化，打造城乡接合部独特的生态景观。初步统计，仅西红门地区，“十三五”时期还绿面积约 2000 亩，整个城乡接合部地区绿化面积可达万亩以上。

建设新区绿道体系——新凤河绿道工程全长 38 公里，2016 年完工；

永定河、凉水河等绿道也陆续启动。“十三五”时期还有京台、京霸等多条绿色廊道建设工程，通过有机串连风景区、历史文化遗址以及重要农业观光园区等，充分发挥健康绿道方便群众生活的作用，成为宣传展示绿化建设成果的窗口。

在“添蓝”方面：使用清洁燃料和采纳成熟的脱硫除尘技术，减少燃煤污染物的排放；加大机动车尾气污染操纵；加大城镇餐饮业油烟治理；在城乡主动推广新型清洁能源；主动利用现代化的科学技术提升监管力度。“十三五”时期大兴区基本实现辖区无供暖燃煤锅炉，工业企业无燃煤锅炉，农村地区基本无散煤供暖的总体目标。重点开展机动车结构调整，实现新能源机动车的全面投运。同时，加快推进老旧机动车更新淘汰工作，严格查处超标车辆上路行驶的行为。在大气污染防治攻坚战中实施“以奖促管”，完善环境监管网格化平台建设，加大移动源监管执法力度，深入治理挥发性有机物，降尘量、重型柴油车处罚量居全市前列。2019 年，大兴区 PM2.5 累计浓度 44 微克 / 立方米，同比下降 17%，空气环境质量达到历史最优水平。

二、绿色产业跨越

大兴，位居京津冀协同发展中部核心区，坐拥机场，连通雄安新区，北京城市总体规划赋予了大兴全新的功能定位，即面向京津冀的协同发展示范区、科技创新引领区、首都国际交往新门户、城乡发展深化改革先行区。基于此，大兴区注重工业园区建设向生态方向发展，建设了中关村科技园区大兴生物医药基地，创建了国家新媒体产业基地，加快发展北京国际印刷包装产业基地，完善北京采育经济开发区。以生态工业试点提升企业发展水平，主动发展资源再生产业、节能环保产品企业、新能源开发利用行业，主动开展企业中水回用，在企业中推广雨水收集再利用工程。

从工业园区到国家新媒体产业基地再到大兴生物医药基地，大兴区传统工业园区在涅槃中重生，持续释放大兴区和开发区一体发展活力，发挥实体经济主阵地作用，努力建设“高精尖”产业发展大区。

三、人居环境优化

大兴区实行环境保护和综合整治，都市污水处理率达到100%，垃圾无害化处理率达100%，实现六环以内地区的垃圾密闭收集、压缩转运和集中处理，逐步完成居民小区生活垃圾分类收集和处理，促进了垃圾资源的综合利用。

在美丽乡村建设的中，大兴区一直秉承既要立足当前的基础条件，又要有长远发展的考量，既要有基础设施的明显提升，又要有特色文化内涵的充分挖掘。

面对城乡发展不均衡，农村地区基础设施比较薄弱的实际情况，大兴区着力推进农村基础设施提档升级。通过强化政策支撑，分批次推进。目前，第一批创建村已完成市级考核验收，第二批创建村正在抓紧推进。

同时深入推进“厕所革命”和污水治理。大兴区于2019年底提前完成全部737座农村公厕改造，达到三级以上标准，实施5万户户厕改造。结合户厕改造形式，因村施策谋定全区村庄改水改厕模式，加快推进三个批次市级生活污水管线建设。在魏善庄镇李家场村开展了整村真空户厕改造示范项目，利用真空排导技术优势收集轻重污水，实现“节水环保资源化利用”的厕所革命品质提升，基本实现环境治理无害化，污水零排放，实现生物质燃气和有机肥转化，反哺本村蘑菇产业。在青云店镇30个村安装粪污一体化设备，实现单户生活污水就地收集处理。目前，农村地区生活污水处理设施村庄覆盖率达到77%。

大兴区围绕南中轴路沿线、庞采路沿线、永定河文化带沿线和大兴国际机场周边，聚力打造16个乡村振兴示范村，在提升基础设施水平上，更加注重丰富村庄内涵，逐步实现“机制活、产业优、百姓富、生态美”。

在“机制活”方面，大力盘活农村土地资源，在“产业优”方面，主动融入全区产业规划和布局，大力推进庞采路高端特色农业产业带建设，结合农村资源禀赋发展高端农业和特色旅游业。在“百姓富”方面，发展壮大集体经济。在“生态美”方面，突出大兴特色和优势，深入挖掘村庄历史文化内涵，初步形成百年古梨园——梨花村、冰雪嬉水乐园——西麻各庄、蘑菇童话村——李家场、满族文化村——巴园子、手工艺创作村——王庄村、特色蔬菜种植村——东北台等特色村庄。

第五章　乡村振兴：从传统到生态的进程

由传统农业向现代化生态农业转变，是经济社会发展到一定程度的必然选择。大兴区积极重视生态农业建设，按照发展生态农业、保护和改善农业环境的方针、政策，组织开展不同类型区域的生态农业研究和推广工作，接纳先进农业科技，积极投入生态农业建设与实践，协调农业的社会效益、经济效益和生态环境效益，促进大兴农业的可持续发展。

第一节 大兴农业的螺旋式历程

历史上大兴一直是永定河怀抱中的传统农业区域，农业经济基础薄弱，风沙、盐碱、旱涝等自然灾害频繁，生产环境恶劣，虽为平原地区，但田多坡地，而且沙丘、沙地面积大、范围广。1949 年全县沙丘、沙地面积约为 40 万亩，其中较大的沙岗、沙丘 600 余个，约 10 万亩。加上大兴区受永定河长期摆动和决口的影响，农业生产水平极低，很久以来，农民使用落后的工具以手工操作，种不保收。全区林木覆盖率仅 0.8%。农业结构单一，以种植业为主，1949 年种植业产值占农业总产值的比重为 87.2%，生产无法满足消费，农业只能维持简单再生产。

1950 年开始发展农业机械，促进了粮食增产。1955 年后，县委、县政府带领全县人民持续开展平整土地活动，按照田、渠、林、路统一规划的原则，治沙治水，改造自然，沙荒地得到了初步治理。到 1958 年，仅黄村、芦城地区就平除沙丘 780 亩，垦种沙荒 5000 余亩；1959 年，为新开菜田又平整沙地 6919 亩。平整后的沙地，部分垫进胶土，使土壤得到改良。1961 年，北京市公安部门在天宫院村东铲除沙丘，平整土地，建立天堂河农场，到 1962 年共平地 8000 亩，后又连年复平。1973 年 9 月，成立县平地委员会和办公室。此后，每年冬春都大规模地平整土地，平整土地纳入经常性农田建设工作。1977 年，全县粮食与经济作物的面积比为 73∶27。1990 年，全县农田基本平整，40 万亩沙地绝大部分得到有效治理。

一、农业道路的螺旋式上升

从解放初期到现在，大兴从传统农业到现代农业再到生态农业，经历了长期的螺旋式上升过程。

（一）三次结构调整，实施“三乡、两带、十个千亩园”工程

20 世纪 80 年代到 20 世纪末，大兴区农业进入高速增长期，出现了持续、稳定、高速、协调发展的局面，农、林、牧协调发展。农业生态环境大为改善，以治沙、治水、治理大环境为主要措施，治沙上建成网、带、片、点四位一体完善的防护林体系，98%的农田实现林网化，开发沙荒地 13 万亩，1999 年全区林木覆盖率达 25.59%，初步形成以落叶树为主，落叶树和常绿树相结合，以防护林为主，防护林、经济林、景观林相结合的

南海子公园

南海子公园麋鹿

树种结构，有效控制了风沙危害。在治理大环境上，通过推广科学配方施肥技术，推广生物农药和综合治理病虫害技术，推广沼气、有机肥等措施，控制农业环境污染，大力开发绿色食品，全县 11 个品种的农产品及其加工产品成为绿色食品，生产基地 22900 亩。1994 年，被国家七部委确定为全国 50 个生态示范县之一。

全区农业先后进行了 3 次结构调整，促使农业结构日趋合理。第一次调整是在 20 世纪 80 年代中期，以种植业为主进行了调整，发展西瓜、蔬菜等经济作物；第二次调整是 20 世纪 90 年代初，重点调整农、林、牧结构，大力发展畜牧业、果树、林业；第三次调整是从 1994 年开始，从大兴实际出发，进行了“种植、养殖、加工”的多元结构调整。

种植业上进行了以“一稳三增”为重点的结构调整，即稳定粮食产量，增加菜、瓜、果面积。1994 年，大兴政府提出了以“三乡、两带、十个千亩园”工程，即黄村、芦城、礼贤三个蔬菜专业乡，魏礼路、青长路两个蔬菜带，十个千亩连片高标准蔬菜园为重点的“南菜园”建设，增加了常年菜田，发展了季节性菜田，大力发展了保护地蔬菜，常年菜田由 2 万亩增加到 10.8 万亩。

（二）大兴绿甜战略的品牌之路

西瓜是大兴的名特优产品，大兴为再造西瓜优势，扩大西瓜生产面积，在增加西瓜生产面积的同时，从 1993 年开始，还适当发展甜瓜种植。西瓜发展经历了由资源优势到经济优势再到品牌优势两大重要转化，西瓜成为大兴农业的代表，庞各庄西瓜成为享誉全国的知名品牌，以西瓜和林业为背景提出的大兴绿甜战略和大兴西瓜节推动了全区经济的发展。果品生产通过开发沙荒地，大力发展了梨、桃、葡萄。1999 年，全区 78.46 万亩耕地中，粮食占耕地面积为 44.9 万亩，菜 15 万亩，瓜 6.7 万亩，粮经面积比达 57.2 ∶ 42.8，另有果树 16.1 万亩。

（三）发展都市型现代农业

“十五”期间，农业结构进一步优化，发展了设施农业、精品农业和观光农业。新建温室、大棚 4.5 万亩；围绕蔬菜、西甜瓜、果品、甘薯、花卉、奶牛、生猪、肉羊、禽类 9 大主导产业发展了精品农业；开展了生态游、特色游、文化游等活动，全区 7 个镇、16 个村开展了民俗旅游接待工作，发展了市级民俗旅游，接待户 248 户，建设观光农业园区 45 个。

“十一五”期间，政府系列惠农支农政策为加快大兴农业发展提供了良好的政策环境。大兴农业由单一生产型向生产、生活、生态、示范型多功能转变。充分发挥农业服务首都的精品农产品的生产功能、农业的环境保护和生态修复功能、都市型现代农业的生态保障功能和农业的旅游休闲观光和农产品展示交易为主的生活功能，不断满足消费者的精神需求，建设宜居宜业新农村。

大兴农业和农村经济发展实现了 4 个转变：从主要关注农产品的供给转变到更关注农民的就业和收入；从主要关注农产品产量的增长转变到更关注农产品竞争力的提高；从主要把农业作为一个产业来关注转变到更关注人与自然的协调和可持续发展目标的实现；从主要关注农业、农村经济的发展转变到更关注农村社会的全面进步。形成了“五业促一村”都市型现代农业发展模式，将农村生产、生活、民俗、田野、节庆、文化等系统链接，打造农村文化产业链条，探索发展农业文化的产业化，实现科技农业、数字农业。

“十二五”期间，继续建设北京“南菜园”，发展蔬菜种植业和加工业，实现蔬菜生产精品化、特色化、规模化。大力发展以梨、桃、果桑、葡萄为主的生态经济林，改造提升老果园基础设施建设水平，合理调整树种和果品结构，提高果品质量，扩大甘薯种苗生产规模，发展甘薯种苗产业，打造“大兴甘薯”品牌形象，提升甘薯产业影响力。全区农业形成“一轴、两带、三环、四区、百园”的空间格局，从而实现了“贯穿南北、连接东西，农村包围城镇、城镇带动农村，百花齐放、百家争鸣”的发展态势。

二、生态农业雏形逐渐形成

“十三五”时期，大兴区农业走上了新的发展方向，即生态优先、绿色发展。按照“以水定城、以水定地、以水定人、以水定产”的要求，转变农业发展方式，推进节水农业；坚持低碳、绿色、循环农业的发展方向，大力提升农业生态功能和生态价值，节约、高效利用资源，支持、推广清洁生产，建设、提升生态环境，探索具有大兴特色的绿色发展、绿色惠民现代农业发展理念。

生态农业按照资源节约、环境友好、宜居宜业的要求，提升农业生产环境，强化生态及景观质量的提升，发展绿色产业，加强水环境治理，建设美丽乡村，全面提升了农村生态环境。

三、“一村一品”的精品农业

永定河独特的地理环境特点、文化历史背景以及悠久的种植历史和栽培经验使得大兴农业一向以特色性和精品性著称。该区域生产的果品品质优良，特色鲜明。加上地理区位优势，成为历代皇室果品供应地，例如，庞各庄金把黄鸭梨、大兴西瓜、安定桑葚等以其独特的品质曾被选为历代皇室的贡品，属于中国地理标志农产品。这种特色精品农业正是与“一村一品”的精髓相一致。

大兴的果品生产历史悠久。清康熙十二年（1673），南海子内即设有果园5座，面积达1600余亩，植有桃、李等果木，所产果品供朝廷专用。1930年，大兴有桃、杏、梨等1200余亩，年产果品近20万公斤。

如今，大兴区农业区域品牌已形成，呈现出以大兴西瓜为代表，大兴梨、大兴甘薯、大兴葡萄等为补充的精品农业特色，拥有一批具有区域特色的农产品大规模生产基地。

（一）西瓜：庞各庄

西瓜是大兴的传统特产，也是经元明清三朝相沿不断的贡品。据文献记载，大兴西瓜种植可远溯至元代。《析津志辑佚·物产考》载，大兴、宛平地区，“瓜进上者甚大，人止可负二枚”。《宛署杂记》载，明代“太庙每月荐新各品物，由宛平、大兴分办，六月份各西瓜十五个”。当时，庞各庄一带和礼贤、魏善庄地区多有种植，至民国年间，庞各庄及周围各村所产西瓜居盛不衰，号称“南路西瓜”。

大兴区西瓜种植以庞各庄地区为中心，其周边6镇所辖的200多个村庄均以种植西瓜为业，不过，以庞各庄西瓜最为著名。大兴西瓜种植面积10万亩左右，产量居京郊各区县之首。西瓜栽培品种有20多个，品种类型包括中果型品种京欣一号、京欣二号、京欣三号；小果型品种航兴一号、航兴三号等；无籽品种京秀、新秀、红小帅、黄小帅、黄晶一号等。墨童蜜、童黑密、二号暑宝等西瓜的上市时间从每年的4月下旬开始持续到8月底，主要集中在五六月份，其中70%以上销往北京市场。

大兴区已建立庞各庄四季春农艺园、庞各庄西甜瓜示范园区、庞各庄老宋西甜瓜科技园区、北顿垡富兴农西甜瓜园区等服务组织，有大兴区西甜瓜产销协会、庞各庄西甜瓜产销协会、庞各庄西甜瓜产销合作社、老宋瓜王西甜瓜科技服务中心、北臧村绿色科技种植业产销协会、北臧村西甜瓜产销协会、北臧村金沙滩农副产品经销协会。1995年2月，国家商标局首次公布了国内第一个西瓜商标——庞各庄西瓜。随着大兴瓜农品牌意识的增强，涌现出一批西瓜产品商标，其中“京庞”牌已成为北京市著名商标。作为西瓜节主会场的庞各庄镇乐平御瓜园，通过现代型都市农业的种植方式向来自四面八方的游客展示了大兴区西瓜种植的悠久历史和西瓜文化。

（二）金把黄鸭梨：庞各庄

大兴素有“中国梨乡”之美誉，梨树种植面积达 10 万亩，其中品种超过 300 个，年产优质梨 6000 万公斤，是京郊面积最大、产量最高、品种最多的梨种植基地。庞各庄镇梨花村现如今保存百年以上的古梨树有 3 万株，成为全国稀少的平原古梨树群落，具有极大的旅游价值和丰富的文化内涵。

（三）葡萄：采育镇

大兴采育镇种植葡萄 23 万亩，是北京市较大的葡萄种植基地，占北京葡萄种植面积的一半以上。其中，有百亩面积的玫瑰香葡萄园，葡萄果粒匀称，甘甜不腻。据有关专家考证，该园是北京面积最大、历史最悠久的玫瑰香葡萄园。自 2001 年以来，采育镇每年都举办一次北京大兴采育葡萄文化节，从 8 月 18 日开始至 8 月 22 日结束。2002 年 6 月 30 日，采育镇被“中国特产之乡推荐暨宣传活动”组织委员会确定为“中国葡萄之乡”。

（四）桑葚：安定

大兴安定镇现有北京地区唯一的千年古桑园，园内树形各异、天然生成，其中百年以上桑树有 1000 余株，千年以上桑树有 100 余株，其中有许多被列为市二级保护树木，所出产的白蜡皮桑葚在明清时期被封为皇室贡品，属绿色天然食品。2001 年 6 月成功举办了首届“北京大兴安定镇桑葚采摘节”，取得了较好的社会经济效益。林区内四季空气清新，环境优雅，集“独特的佳境、独特的果品、独特的观光旅游胜地”于一体。

（五）甘薯：庞各庄镇

大兴区作为北京重要甘薯生产基地，甘薯种植面积达 5 万余亩。其中，庞各庄镇种植面积达 2 万余亩，年产量 4500 万公斤，成为北京市甘薯种植最集中、品种最丰富的特色镇。甘薯产业显然已成为庞各庄镇的新兴产业，该镇建起了中国甘薯种植资源圃，保存品种达 300 余个。

庞各庄镇甘薯产业是在镇甘薯试验示范基地的催生下发展起来的，该基地不仅加快了新品种和新技术的引进与推广，还在全区范围确立了以庞各庄镇为中心，辐射周边各镇的甘薯种植区域，形成了以永定河沿岸为中心的甘薯产业带。2007 年 10 月，庞各庄镇在全区率先举办了甘薯擂台赛，展示新品种 300 余个，甘薯深加工食品 100 余个，有效促进了种植技术交流。

第二节 生态环境助推生态农业新飞跃

为了加强农业基础设施建设，近年来，大兴区实施财政投资向农村倾斜的政策，带动农民筹资筹劳，鼓励资本跟进，形成多渠道、多层次、多形式的投入机制，有效促进了农业生态环境质的飞跃。

一、绿甜生态之观光农业

观光农业是以农业活动为基础、农业和旅游业相结合的一种新型产业，是以农业生产为依托、与现代旅游业相结合的一种高效农业。

近百年来，大兴区逐渐形成了绿色甜园的文脉和地脉。利用本地特有的沙地土壤，形成了以瓜果园为特色的观光农业及休闲度假旅游区。走进大兴，绿浪翻滚的森林、叠翠有致的果园、曲径通幽的小路、现代化的生态庄园和错落有致的村舍组成了一幅幅都市田园的精美画卷，处处展现出人与自然和谐相处的状态，绿海甜园的生态景致吸引了越来越多的中外游客。

大兴区被誉为“绿海甜园，都市庭院”。都市农业催生绿甜旅游，园中众多的现代农业生产及美丽的农耕景观，为游人提供了全新的观光感受，回归大自然，尽享清新空气，尽情体验乡野之趣和田园之乐。

大兴区已建成50多个高效农业科技园区，具有知名度较高的“全球环保500佳”留民营生态村、绿邦高科技农业示范区、“四季春”高效农艺园、庞各庄西甜瓜试验示范园、永定河绿野高效农业园等。

大兴区有南水北调东线工程给水之利，具备建设农业观光主题产品和拓展产品的自然条件，具有乡村风情游和村镇森林化景观背景，可推行村镇森林化工程，把森林引入村镇，让村镇坐落在森林之中，并科学布局护村林、林荫道、庭荫树、小花园、花卉、果树、草坪。宽阔的绿化带，运用高大常绿、落叶乔木、中小乔木、花木和地被植物合理艺术配置，形成可游、可赏、可娱乐的森林环境和美丽的绿色走廊。

在保护林木的前提下，开发利用安定、榆垡两片万亩林，适当补种常绿和落叶风景树、花灌木、草本植物等，保护和招引野生动物，特别是鸟类，创造名副其实的森林景观环境。

在产业休闲游与采摘园建设方面，除了万亩梨园、万亩葡萄园外，开发建设万亩桃园、杏园、李子园、海棠园等，把西瓜、桑葚、葡萄、梨、桃、杏、李子、海棠及菜果等产品纳入旅游采摘品种之列。

多样化和精品化的采摘园建设通过与农业生态园建设、“都市体验农园”建设相结合，开发生态主题游和野生动物园环境建设。

大兴区依托自身绿甜资源优势，做活绿甜旅游这篇大文章，对全区的绿甜资源、旅游景点和采摘果园进行规划，丰富旅游内容。目前，大兴拥有以庞各庄万亩梨园、采育万亩葡萄观光园、魏善庄精品梨园为代表的各类农业观光园 45 个，采摘面积近 7 万余亩；市级民俗村 4 个，市级民俗旅游接待户 300 余家。

通过对绿甜资源的综合开发利用，不仅为人们提供了旅游观光休闲的好去处，让人们享受无尽的田园风光，还拓展了农业发展的新领域，实现了一产直接向三产的转移，带来了比单一的农业更多的效益。

大兴区共有北京野生动物园、南海子麋鹿苑、大兴古桑国家森林公园等各类旅游景区 13 家。区委、区政府因地制宜，深入挖潜各个景点自身的优势，打造和经营了一批区域旅游品牌。

在汇集了 200 多种 5000 余头（只）世界各地珍稀野生动物的北京野生动物园，不但可以看到棕尾虹雉等珍稀动物种群，还可以观赏到极为珍贵的世界最大的川金丝猴人工种群。在步行观赏区和鹿、狍、松鼠等多种温驯动物戏耍，在动物表演娱乐区观看各种精彩的动物表演，拉近了人与动物的距离。在麋鹿苑里，有当年皇家猎苑湿地景观的生动再现，有“四不

南海子公园碑亭

像”之称的麋鹿，还有麋鹿失而复得的传奇故事。在大兴古桑国家森林公园里，处处可以感受到悠久而丰富的桑蚕文化。走在40米长的科普长廊中，可以了解到桑树的医用价值、桑葚节情况、安定桑产业发展状况，展板上介绍蚕的一生演变以及各种斑纹蚕；宋代的《蚕织图》让游客们仿佛看到了过去的古老蚕织工艺。

在庞各庄镇万亩“绿海”中，29个不同的药浴汤池组成了通透灿烂的水世界；8栋独体别墅，功能各异，尽显雍容典雅；阳光、海岸给人无限的遐想空间。

大兴有以农具、农产品为主要内容的博物馆有6个，在农具博物馆里，人们可以转风车、摇辘轳、推碾子……在休闲旅游、观光采摘的同时，又可深刻领略和体验我国古老的农业文化。

大兴深厚的文化底蕴、古老的历史传说和质朴的风土人情使大兴具有独特的文化气息，一条条文化之旅让人们于闹市之中寻找到一片心灵的绿洲。

二、大兴农业生态区成为“样板”

随着现代科技的运用，人类对大自然的干预规模日益扩大，加之人类对自然规律认识的局限性，人类受到自然界频繁的报复。建立生态区，带动生态经济的发展，实现可持续发展战略，既能够满足人们的需求而又不危害自然环境。大兴区在北京都市总体规划中处于“连接一轴，横跨两带，关联多中心”的重要战略要冲，位于首都向华北平原辐射的前沿和发展腹地，大兴农业生态保护与发展对京津冀整个地区的作用与影响有着重要作用。因此，大兴农业生态示范区对生态农业保护与发展进行了有益的实践和探索，并取得了积极的成效。

（一）都市生态农业体系建设

生态示范区是以生态经济学原理为指导，以和谐经济、社会、环境建设为对象，在一定行政区域内，以生态良性循环为基础，实现经济社会全面健康的持续发展。生态示范区是一个相对独立的又对外开放的社会、经济、自然的复合生态系统。按照这一定义，大兴生态区生态环境建设围绕都市生态农业、生态林业体系、“绿海田园”生态旅行、水土资源保护等方面实施重点保护，实现在保护的基础上发展。

在种植业方面重点发展以蔬菜、西甜瓜、果品、甘薯、花卉为代表的5大精品种植业。在养殖业方面，通过实施“兴牧富民”工程和优势畜产品区域布局规划，重点培养特色优势畜产品和优势产区，形成了生猪、奶牛、肉牛、肉羊、家禽、肉鸽6大产业群体。

以“减量化、再循环、再利用”的原则为核心，发展循环农业。一是以资源节约高效利用为基础，开展节水农业，把工程、农艺、治理3大节水措施有机结合，推广精准灌溉新技术，大力推广再生水利用；二是通过开展精品农业、设施农业提高农田产出效率；三是主动开展“猪、沼、果”等典型循环经济模式。

大兴区主动开展农业标准化基地的建设工作，标准化基地基本遍布大兴各个镇，涵盖了重点农业的主导产业，提升了农业产出效益，起到了主动的示范带动作用。

强化主动建设农业保证服务体系，促进农业的可持续发展。一是引进智力资源；二是加大农业新技术推广；三是采纳科技入户、田间学校、网络远程教育等多种行之有效的方式开展农业有用技术培训；四是建设“龙头企业 + 专业合作组织 + 农户的产业化”的发展模式。

（二）“绿海田园”生态建设与水土资源保护

一是主动开展乡村民俗旅行；二是主动探究再生水利用；三是抓好土地资源保护与利用，加大土地整理，提升农用地质量；四是严格土地执法，禁止违法占地，有效保护耕地。

（三）农业生态区建设效果显著

通过农业生态区的开展，大兴区农业各项经济指标与创建前相比，实现了较大幅度增长。大兴区持续创新农业发展模式，大力发展都市型现代农业。例如，2015 年，全区实现农林牧渔业总产值 55.9 亿元，比 2003 年的 22.1 亿元增长了 1.5 倍。

农业生态区建设有效地改善了城乡环境，增强了全区环境承载力，人民的生活水平得到了较大提升，人与社会的关系、人与自然的关系进一步和谐，促进了全区经济社会的健康可持续发展。通过示范区的建设，大兴城乡宜居程度提升，城乡的环境质量和景观生态得到提高，城乡的宜居程度持续提升，生态环境价值逐步显现。农业生态区的发展，将可持续发展的理论在大兴土地上变成了现实，不仅对北京和全国平原地区的农业示范区发展起到主动的示范和参考作用，为实现区域的可持续发展积累了宝贵的经验，还进一步丰富了可持续发展理论研究的内容，推进了和谐社会和社会主义新农村建设的步伐。

第三节 推动生态农业发展的四大着力点

生态农业建设是乡村振兴战略“五位一体”总体布局的具体展开，是生态功能、生产功能、生活功能在首都建立都市型现代农业的重要切入点，更是大美新国门印象的美的特质。

党的十九大报告做出的实施乡村振兴战略和坚持新发展理念为大兴“三农”发展指明了方向。大兴区地处北京南部，素有“京南门户”“绿海甜园”“南菜园”之称，农业户籍人口10.1万户、28.8万人。大兴区按照产业兴旺、生态宜居、乡风文明、治理有效、生活富裕的总要求，结合非首都功能疏解、新国门建设，进一步发展绿色生态农业，提升农村战略空间价值。随着城镇化建设快速推进，农业产业发展的模式、方向、功能、方式都发生了转变。

一、源头上强化管理

结合临空经济区建设以及打造首都南部发展新高地的实际需求，大兴区将进一步加强农地等战略资源管控，为未来城乡一体健康发展预留空间。在方向上，重点支持鼓励向村、镇集体经济组织或镇属公司等主体流转，不鼓励对外流转；在机制上，健全区级联席会议制度，对于对外流转行为，经由区联席会议审议，从规划、用途、经营能力、发展方向、带动能力、示范效应、综合功能等多个方面，加强外部主体经营大兴区农地的资格联审；在期限上，严格实行上限控制，有效防范圈地投机等损害农民及集体利益的行为发生。

南海子麋鹿群

二、布局上优化调整

围绕“生态农业、高效农业、特色农业、合作农业”四种农业发展方向，坚持生态绿色优先原则，按照“减粮、增绿”的思路，着力调整农业产业结构，继续调减高耗水农作物，发展节水农业，实施蔬菜、瓜果等优势产业的高效节水工程项目。围绕大气环境、水环境建设，继续开展养殖场清退工作。突出农业的生态效益，制定政策措施，引导农村土地向景观农业、高效农业、绿化造林等方向规模流转，提高农业的规模化、集约化、规范化发展水平，促进农业提质增效，提高农业的生态服务价值。

三、“疏整”上突出提升

按照“绿色低碳田园美、生态宜居村庄美、健康舒适生活美、和谐淳朴人文美”的标准，围绕农业农村综合生态环境建设，大兴全面实施“疏解整治促提升，推进美丽乡村建设”专项行动。按照“整治一批、提升一批、建设一批、搬迁一批”的思路，结合民意，遵循“缺什么补什么”的原则，对城乡接合部、新城周边、机场周边等不同区域村庄因村施策、分类推进，在2020年国家全面建成小康社会之际完成所有村庄美丽乡村建设任务。围绕精细化管理，建立“有制度、有标准、有队伍、有经费、有督查”的长效管护机制，促进美丽乡村可持续发展，为实现美好生活夯实基础。

四、发展上强化创新

紧密围绕市级确定的城乡发展一体化、农村土地制度改革、产权制度改革、农业供给侧结构性改革、农村社会治理五大农村改革领域，着力完善农村生态可持续发展体制机制、新农村建设体制机制、农村基础设施管护机制、农村低收入帮扶体制机制等，提升农业生态与农村综合治理水平，吸收有益成果，强化经验复制，推动改革成果转化。加强农村体制机制创新和政策创新，提高涉农政策整合力度，提高农业生态补贴、农村建设补贴等惠农资金的导向性、精准性和实效性，稳扎稳打，推动乡村振兴战略落地，促进农业、农村实现更高质量、更有效率、更可持续的发展。

第四节 乡村振兴的战略之策

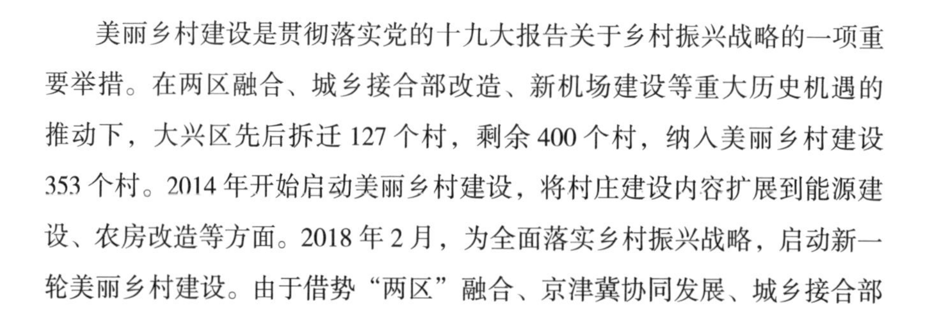

美丽乡村建设是贯彻落实党的十九大报告关于乡村振兴战略的一项重要举措。在两区融合、城乡接合部改造、新机场建设等重大历史机遇的推动下，大兴区先后拆迁127个村，剩余400个村，纳入美丽乡村建设353个村。2014年开始启动美丽乡村建设，将村庄建设内容扩展到能源建设、农房改造等方面。2018年2月，为全面落实乡村振兴战略，启动新一轮美丽乡村建设。由于借势“两区”融合、京津冀协同发展、城乡接合部改造、新机场建设等重大历史机遇的利好，美丽乡村建设速度实现了质的飞跃。

一、务实的工作之策

以强有力的工作机制作为工作保障。大兴区新农村建设指挥部由 28 个相关单位一把手组成，美丽乡村建设专项行动领导小组下分 5 个组，统筹推进农村人居环境整治和美丽乡村建设任务。制定下发系列文件，明确各部门职责分工和建设时序。建立台账备案、专题调度、信息会商、对口包镇、定期通报等机制，将美丽乡村建设工作列为区实事及重点工程项目，每月对进展情况进行督导。建立农村基础设施长效管护机制，对既有农村公厕、垃圾处理、绿化美化、路灯、街坊路等设施明确产权归属和管护责任，安排专项管护资金，建立考核监管体系。

以规划先行为统领把握建设发展方向。2018 年启动新一轮村庄规划修编。规划坚持分区规划与村庄规划相结合的原则，根据《北京城市总体规划（2016 年—2035 年）》提出的用地减量、功能疏解、生态保护的新目标，组织知名设计单位参与村庄规划编制。按照城镇集建型、整体搬迁型、特色提升型、整治完善型的标准对全区村庄进行分类，因村施策、分类指导。规划编制过程中始终注重特色，凸显个性原则，在山水资源欠缺的情况下，深入挖掘村庄特质与内在价值，将美丽乡村与新机场、特色小城镇、旅游主题小镇建设相结合，沿路的把路的文章做好，民俗村把文的文章做深，各村把绿的文章做足。已规划出蘑菇童话村——李家场，国学文化村——大谷店，京剧梨园村——前北曹等特色村庄。第一批 88 个创建村已全部完成规划编制，第二批 145 个创建村已全部完成村庄规划编制，第三批创建村已于 2020 年 7 月初全面启动村庄规划编制工作。

以问题导向积极推进人居环境整治。自 2018 年开展农村人居环境整治以来，始终围绕“清脏、治乱、增绿、控污”总体目标，分别出台了“全面推进”“百日攻坚”“百日歼灭”等行动方案，分阶段明确整治任务，同时按照“一村一策”新要求，以村为单位，全面清除各村环境痼疾顽症；

强化落实“月度检查、打分排名、通报约谈”的监督检查机制，严格按照市级考核标准，围绕村庄整体环境及群众反映的问题情况、农村生活垃圾治理、农村生活污水治理、公厕管护、村容村貌整洁5大项11小项内容，开展全区大检查工作，并将所有点位问题下发各属地，责令限期整改；同时，在区级重要会议及专项简报上对各镇村突出问题进行通报，督促各镇加快整改，强力推进农村人居环境整治工作有序开展；牵头制定《北京市大兴区农村人居环境整治专项奖励工作方案》，确定奖补范围、奖补措施和实施步骤，激发各镇工作积极性和主动性，特别是区财政安排5.47亿元专项资金，用于村庄人居环境整治和提升工程，为全区农村人居环境整治工作提供强力支撑。

以项目化运作方式加快建设进程。大兴区将新一轮美丽乡村建设列入区级固定资产投资项目，并增加弱电入地和外墙立面整治建设内容，满足村民关于线缆地埋与村庄风貌统一的需求。确定“区级按条指导推进、镇级按块立项实施”的工作模式，对启动规划、立项招标、过程推进、验收审计每个环节做细化要求。强调区级各部门对各村美丽乡村建设实施方案的可行性、合理性及投资规模进行前期把关。

以产业提升增强美丽乡村建设内生动力。一是坚持质量兴农。创建国家级农产品质量安全区，创建“农产品征信评价系统”。二是坚持融合提升。发展农业观光园、星级民俗旅游村、星级民俗旅游户。农业农村电商发展较快，京东商城大兴馆和10个“农邮通”服务站均已投入运行。三是坚持特色带动。培育了以庞安路为主线的西瓜特色产业带，每年举办桑葚、葡萄、月季等特色农品节庆活动。四是推动体制创新。开展土地承包经营权抵押担保的国家级试点工作，建立完善了抵押权处置、风险控制补偿等机制，整合农民闲置农宅资源，发展乡村民宿、文化创意等符合首都功能定位要求的特色产业。

同时，坚持节能、环保、资源循环的工作理念和因地制宜、试点先行的工作思路，积极推进农村厕所革命和污水收集管网建设。充分协调区城管委、卫健委，对全区村庄的公厕和未达标户厕进行提档升级和无害化改造，户厕无害化改造覆盖率达到98.7%，解决了农村住户如厕难的问题。

同时，为解决历史遗留问题，缓解镇级自筹资金压力，在市级村内污水管线支持政策基础上，于2020年3月新增污水支管区级支持政策，抓紧推进未解决污水收集村庄的村内污水管线建设，现已启动44个村建设项目，谋划40个村方案。依据大兴区实际、专家意见及百姓呼声，同时完成8个镇5202户蓄能式电暖器用户的设备更新改造。

新一轮美丽乡村建设取得丰硕成果，新国门印象呈现出大美景象：

（一）由“脏乱差”向整洁清新转变

全区农村地区共清理积存垃圾18.8万处，53万吨；清理村域河塘沟渠1.66万条；清理农业生产废弃物8947处，3.9万吨；拆除私搭乱建5.4万处，167万平方米；清理乱堆乱放、乱贴乱挂乱画27.7万处；清理生活污水粪污直排、溢流1.5万处，全区村庄整体风貌有大的改观。

第一批创建村中有16个市级试点村已率先完成道路、供水、污水、照明、改厕、垃圾处理、绿化等11项基础设施建设。后续72个创建村在完成公厕和户厕改造基础上，正在抓紧推进其余8项基础设施建设项目招投标。至2020年，大兴区已累计实施街坊路硬化39.97万平方米、供水管线改造6.8万延米、污水管线铺设13.46万延米、太阳能浴室新建11座、LED路灯1528盏、绿化22.71万平方米，设置分类垃圾桶箱398个，外墙立面整治粉刷15.8万平方米，9个村实施弱电入地9.5万延米，完成户厕改造5万户、公厕提升737座，基本实现村民生活品质和村庄生态环境的同步提升。

（二）由重规模向重质量转变

大兴区曾经是北京市的农业生产大区，农业产业总量占全市1/6，蔬菜、西瓜、禽、奶产量位于全市第一位，猪肉、果品产量位于第二位。为适应现代农业优质安全高效的发展要求，率先在全市完成农产品质量安全监管系统建设并开展应用，农产品质量安全抽查合格率处于全市领先水平。2018年，大兴区被农业农村部评为“国家农产品质量安全区”，全区共有备案农业标准化基地69个，无公害、绿色、有机“三品”基地118个，居全市首位。

（三）由发展一产向发展观光休闲农业转变

大兴区曾经全区设施农业用地面积达到10万亩，产量及面积均居全市第一位。现在重点实施观光休闲农业工程，打造永定河绿色生态发展带和庞采路现代农业产业带相交形成的“T”形观光产业带，提升了84个集农业生产、观光采摘、餐饮娱乐等多功能于一体的农业观光园，推动88个美丽乡村建设，建成了19个市级民俗旅游村，农业观光园和民俗旅游每年接待游客超过200万人次，总收入达1.1亿元。

（四）由生产功能向生态功能转变

大兴区曾经是全市最大的“菜篮子”生产基地，蔬菜面积20万亩、瓜类面积5万亩、果品面积10万亩，蔬菜、瓜类、其他果品等生鲜农产品产量连续多年位居全市前列。为顺应现代农业多种功能的发展趋势，大兴区战略性地进行了农业结构调整，重点实施了景观农业建设、农业节水灌溉、平原造林工程，全面提升农业多重价值。

（五）由促进发展向规范管理转变

大兴区曾经在设施农业、农业园区、果品产业提升方面发展很快，建成农民专业合作社775家、各类农业园区155个、农产品加工企业100余家。为加强农田环境综合整治，拆除整改不符合规划的设施农业1.9万平方米，拆除老旧、残破农业设施和地窝棚9435个，清理农田和农业设施住人1.4万人，整改排查59127栋大棚，认真落实清查整改、分类处置、规范合同等工作任务，长效机制不断完善。

二、振兴战略的实施原则

农业产业发展在于深化农业供给侧结构性改革，以市场需求为导向，走质量兴农之路；推进农村一、二、三产业的跨界融合发展，通过农林文旅深度融合，打造农业全产业链；统筹农业产业发展政策、农村集体经营性建设用地、农村闲置宅基地利用，激发农村发展活力，促进乡村振兴战略实施。

大兴区在振兴乡村战略上实施的原则始终围绕以下4个方面展开：

构建现代农业体系，推动农业品质提升，加强农产品品牌建设，发挥新型经营主体带动作用，在提档升级中推动乡村振兴。

优化农业人员结构，加快建立完善城乡人才交流机制，提升农民的综合素质，鼓励农民创新创业，发展“互联网＋农业”和电子商务，在人才交流中推动乡村振兴。

推动产业融合发展，在产业互促中推动乡村振兴。一是推动景观农业发展。服务“新国门”建设，研究制定全区景观农业发展规划，以规划为引领，带动景观农业向规模化、产业化、特色化、多样化发展，推动景观化的技术应用。二是推动休闲农业与乡村旅游融合发展。围绕西山永定河文化带、南中轴产业带、南海子文化等，加强区域乡村旅游元素的挖掘，充分发挥西瓜节、梨花节、农民丰收节等农业节庆的带动作用。三是培育融合发展的新产业和新业态。依托临空经济区发展，借助会展经济、绿色生态、国际航城、国际购物小镇等要素，加快机场旅游咨询中心建设，重点发展农业综合性园区，推动特色旅游小镇、乡村旅游示范村建设，搭建三次产业融合串联平台。

统筹农业发展政策，在改革创新中推动乡村振兴。加大农业产业政策扶持力度，推动集体经营性建设用地，支持农业产业发展，积极探索农村闲置宅基地的开发利用，深入挖掘村庄历史文化和特色产业，将文化创意产业、特色民宿旅游和养老产业做精做强，将民宿文化融入项目建设中，打造具有乡村特色的精品产品。

三、绿色创建引领乡村建设主基调

美丽乡村建设是落实乡村振兴战略的重要抓手。大力实施绿色生态、绿色景观、绿色民生、绿色支撑四大系统建设工程，以绿色村庄创建为引领，积极推进美丽乡村建设。

（一）以绿色村庄创建为抓手，农村居住环境得到明显改善

大兴区区委、区政府高度重视绿色村庄建设工作，以“零容忍”的态度坚决整治“大棚房”，拆除村庄内侵街占道、私搭乱建等违章建筑。以绿色村庄创建标准为依据，全面清理整治村域内“脏、乱、差”现象，清理积存的生活垃圾、建筑垃圾、白色污染、枯枝杂草，加快治理污水乱排，

完成村内废旧设施、杂物堆料、老旧广告牌等设施的拆除清理工作，全面改善了农村居住环境。

（二）以绿色村庄创建为基础，村庄绿化美化和生态建设得到加强

大兴区区政府通过绿色村庄创建，重点在村庄房前屋后、河旁湖旁、渠边路边、零星闲置地等边角空地，拆违还绿、留白建绿、见空插绿，努力实现以绿挤乱、以绿治脏、以绿净村、以绿美村的目标，为美丽乡村建设奠定了坚实基础。

（三）以绿色村庄创建为带动，农村基础设施和村庄公共服务设施建设得到提升

结合绿色村庄创建活动与美丽乡村建设，重点提升农民住宅和农村公共建筑安全，进一步完善农村道路、路灯、燃气、停车场等配套基础设施建设，有效改善农村生产生活条件。以绿色村庄创建为带动，加强农村公共服务建设，整合服务功能，优化周边环境，着力实现农村地区服务设施配套化的工作目标。

（四）以绿色村庄整体规划为指引，农村产业得到进一步发展，农民收入进一步增加

自绿色村庄创建以来，始终坚持以首都绿色村庄创建为指引，把绿色村庄生态环境优势转化为绿色发展优势，利用农村传统体验、田园风光和乡村文化，大力发展各具特色的农村生态旅游、乡村休闲旅游和民俗体验游，加快农副产品向旅游商品的转化，促进一、二、三产业融合和绿色农业新业态发展。庞各庄梨享庄园、魏善庄修德谷密植果园、魏善庄大狼垡密植桃园、安定贾尚密植果园、安定凝瑞金源改造樱桃园、魏善庄绿兴农庄改造梨园等一批基地发挥了龙头示范作用。

（五）以绿色村庄创建标准为基础，农村环境整治长效管护机制初步形成

大兴区全部农村地区以绿色村庄创建标准为基础，加强农村环境整治和美丽乡村建设精细化管理，建立健全长效管护机制，严格落实工作责任制，部分地区采取政府出资购买服务的方式，建立了相对稳定的管护队伍，完善管护标准和考核机制，农村环境整治长效管护机制初步形成。

第五节 从新农村到美丽乡村的转型之路

大兴区主要围绕“农村人居环境整治”“美丽乡村建设”和“煤改电”三项重点任务，统筹推进各项工作。这三项任务分别被纳入市、区实事、政府绩效、蓝天保卫战、水污染防治、机场周边、创城等共计26个重点工作中。

一、农村人居环境整治

围绕“清脏、治乱、增绿、控污”总体目标，认真对照整治要求、细化整治内容、严格整治标准、强化整治考核、明确整治节点、加强整治调度。

（一）明确阶段目标，确保整治有序

2019年初，出台《大兴区关于全面推进农村人居环境整治工作方案》，5月启动大兴区农村人居环境整治“百日攻坚战”行动方案，10月出台大兴区“人居环境百日歼灭战”专项整治行动，分阶段明确整治任务，强调工作重点，提出具体工作要求。

（二）突破重点难点，确保整治到位

2019年上半年特别加大对“三堆”、私搭乱建和侵街占道的清理整治力度，全力推进农村人居环境大幅提升。下半年重点对盲区和死角进行清理整治，严防问题反弹，要求各镇不断完善长效管护机制，责任到人，并按照“一村一策”要求，详细制订各村人居环境整治实施方案，确保因村施策，全面清除各村环境痼疾顽症。截至2019年12月底，全区农村地区共清理积存垃圾 12 万处，43.74 万吨；清理村域河塘沟渠 1.16 万条；清理农业生产废弃物 7331 处，3.03 万吨；拆除私搭乱建 5.28 万处，164.01 万平方米；清理乱堆乱放、乱贴乱挂乱画 23 万处；清理生活污水粪污直排、溢流 1.12 万处，村容村貌有明显改观。

（三）强化以评促改，确保整治实效

一是通过“月度排名考核——季度曝光——年度奖励约谈”的递进措施，对排名靠前、工作落实到位的村庄实施奖补，对排名靠后、工作落实不到位的镇、村实行问责。2019 年共开展十轮区级巡查考评，参加并通过两轮市级考核验收。二是在区级电视台、政府重要会议以及工作简报上对整治不到位的镇、村进行曝光与通报，多层级传导压力，形成高压态势，确保农村人居环境整治持续深入开展。

（四）加强调度指导，持续推进整治

一是加大调度频次。2019 年共组织召开 16 次调度会，对存在问题进行深入剖析，及时部署下一阶段工作任务。二是加大巡查力度。组织第三方每月进行全面巡查、逐项巡查，不放过任何盲区、死角，发现问题及时下发整改通知单，要求限期整改。三是加大学习宣传力度。组织 11 个镇的主要领导前往平谷区学习人居环境整治经验做法，撰写 45 期工作简报，总结通报整治情况。

（五）制订奖补方案，提供强力保障

通过广泛调研，牵头制定《北京市大兴区农村人居环境整治专项奖励工作方案》，确定奖补范围、奖补措施和实施步骤，激发各镇工作的积极性和主动性。特别是申请区财政 5.47 亿元专项资金，用于村庄环境整治和提升工程，为全区农村人居环境整治工作提供强力支撑。

二、美丽乡村建设

大兴区从 2018 年 2 月开始启动美丽乡村建设，以农村人居环境整治为突破口，开展村庄规划编制、绿化美化、基础设施提升等，重点对村庄道路、污水、公厕户厕等村庄基础设施进行提档升级。2019 年，通过“转思路、重规划、抓进度、促长效”，一环扣一环，加紧推进美丽乡村建设各项工作，重点打好以下 4 个战役。

（一）转变工作思路，打好重点事项“突破战”

一是主动“走出去”，学习改水改厕新技术，推动完成 32 个村“生物一体化降解”和 2 个村“真空排导”的户厕改造，因地制宜、分批次、分模式统筹推进农村改水改厕工作。二是充分协调区城管委、卫健委，完成全区 737 座公厕的改造任务，同步推进户厕改造，户厕无害化改造覆盖率达到 97.8%，切实解决农村住户如厕难的问题。三是推进村庄污水收集管网建设，完成 44 个村项目前期报审，谋划 20 个村的方案编制。

（二）坚持规划先行，打好战略全局“先锋战”

联动大兴区规划和自然资源委员会分局，在研究、制定区级美丽乡村建设规划导则的基础上，建立大兴区乡村责任规划师制度，制定《大兴区乡村责任规划师工作制度（试行）》，遴选 36 名镇级乡村责任规划师，充分发挥乡村责任规划师在实施乡村振兴战略、提高村镇高质量发展和促进城乡融合发展等方面的重要作用，保障一张蓝图干到底。在完成首批 88 个村庄规划编制审批基础上，再启动 142 个村的村庄规划编制，完成初稿和联审。

（三）狠抓工作进度，打好提质增效“升级战”

一是推进市级“百村示范”创建工作，出台《大兴区关于做好“百村示范”创建工作的通知》，按照“一村一策”的原则，确定深入挖掘产业特色和村庄文化。二是高质量完成市级试点村的基础设施建设，建成一批有特色、环境优美的美丽乡村。三是积极联系大兴融媒体，组织选定 4 条市级“美丽乡村、筑梦有我”风景线进行推介，并专栏报道 7 期美丽乡村建设成效，提高大兴区美丽乡村知名度。四是特别强化“周汇总、月调度、定期检查”机制，对每个村每项前期手续和每项工程进度做到实时掌握，并及时研究与破解检查中发现的各类问题。

（四）实施长效管护，打好民生幸福“持久战”

一是组织区级行业主管部门修订完善《大兴区农村基础设施运行与维护管理指导意见》，进一步明确基础设施权属单位及管护职责，提升基础设施运行效果。同时，制定《北京市大兴区农村基础设施工程专项整改工作方案》，对运行效果不理想的 13 项基础设施进行整改。二是针对户厕清掏工作，拟定《大兴区农村地区户厕清掏方案》，巩固户厕改造成果。三是及时组织区级行业主管部门更新基础设施台账，并开展基础设施联合检查和通报，特别对街坊路建设进行了 15 次抽检。

三、“煤改电”实现群众诉求

2019 年，始终以人民群众诉求为根本出发点，建立与完善长效管护制度，确保百姓正常取暖、温暖过冬。

（一）充分调研，响应群众呼声

大兴区经过座谈交流、实地走访，对大兴区“煤改电”取暖季的运行情况、存在的问题以及百姓需求进行了解，依据大兴区实际、专家意见及百姓呼声，出台《北京市大兴区 2013—2015 年农村地区蓄能式电暖器设备更新改造工程实施意见》，完成 8 个镇 5202 户蓄能式电暖器用户的设备更新改造。

（二）信息监测，持续推动节能

按照区政府相关工作指示，2019 年推动完成了大兴区煤改清洁能源信息管控系统二期建设，新增 2.9 万户“煤改电”用户实现数据监测，其中 2.12 万户空气源热泵用户新增实现了节能技术推广。经对比供电部门、市发改委下属北京节能技术监测中心及中国建筑科学研究院有限公司建筑环境与节能研究院 3 个渠道提供的数据，测算单个供暖季可实现节约电能 3085 万度、电费 926 万元，进一步推动用能结构调整，为住户节省用电成本。

（三）精密组织，实施长效管护

一是出台《大兴区农村地区“煤改电”长效管护实施方案》，明确“整体可调度、售后有机制、管理有手段、应急有措施、全程有跟踪、结果有反馈、服务有评价”的总体目标，以区级统筹、属地主责落实、村级（社区）保障为推动模式，将管护工作纳入网格化管理，建立“煤改电”长效管护机制，切实解决群众需求。二是出台《北京市大兴区农村地区“煤改电”用户低谷电价电费补贴清算工作实施方案》，进一步明确低谷电价电费补贴政策，规范资金拨付程序，确保“煤改电”用户及时享受电价补贴。

第六节 首都近郊的大兴“美丽乡村”

生态兴则文明兴，生态衰则文明衰。

2018 年，中央一号文件《中共中央 国务院关于实施乡村振兴战略的意见》对实施乡村振兴战略进行了重大部署，文件要求“把乡村建设成为幸福美丽新家园”。习近平总书记强调指出：“中国要强，农业必须强；中国要美，农村必须美；中国要富，农民必须富。”将农村美与农业强、农民富联系起来，充分显示出建设美丽乡村的坚定信念。要注重保护生态环境，发展绿色产业，优化村镇布局，改善安居条件，培育文明乡风，建设产业兴旺、生态宜居、乡风文明、治理有效、生活富裕的社会主义美丽乡村。

2006 年由北京市委农工委、市旅游委、首都文明办、市文化局、市园林绿化局等共同主办了寻找“北京最美乡村”评选活动。大兴区围绕展示新农村建设成果、促进城乡交流互动、引导社会力量参与的基本目标，以“共建美丽乡村、共享美好生活”为主题，参加了评选活动，并向人们展示了大兴美丽乡村的建设成果。

大兴辖区纳入美丽乡村建设。其中，2018 年建设 88 个村，2019 年建设 142 个村，2020 年建设 99 个村。大兴区政府因地制宜、突出特色，积极推动小城镇与农业特色产业发展相结合，带动农业现代化和新型城镇化。建设主题小镇，以农业资源为依托，农业、旅游相结合，围绕主题鲜明、

▲ 我们的绿色家园（李斌 供图）

特色突出的西瓜、月季、葡萄、古桑、梨花，以及其他美食、航食、航空等主题，建设集休闲旅游、文化传承、科技教育于一体的魅力小镇；提升人居环境，紧抓大兴国际机场建设等历史机遇，以设施提档、环境提质为目标，加大基础设施、公共设施、文化设施建设力度，开展镇域绿化美化、环境提升建设；加强农田环境整治，以净化、绿化、美化为重点，对农田、沟渠、片林、农业园区和农业重点产业带两侧等进行环境建设，力争达到园净、场净、田净、林净、水净、路净的“六净”目标，建设整洁、优美、舒适的生产、休闲环境；加强品牌推介，优化梨花节、西瓜节、桑葚节、葡萄节等农事节庆的活动安排，充分利用节庆、农产品博览会和展销会，大力宣传主题小镇，提升特色城镇品牌形象。

2017年，按照《北京市农业委员会关于印发〈关于抓好典型模式示范的工作方案〉的通知》文件要求，为深入贯彻落实北京市农村工作会议提出的培育相关典型的要求部署，大兴区结合全区美丽乡村创建实际，提出培育多种类型的美丽乡村。主要有：

（一）高效农业引领型

特色产业经营突出，实现规模化、集约化、机械化、设施化、科学化经营，依托现代企业和农民合作社，产销结合紧密，农民收入和集体收入同步快速提高。

（二）三次产业融合型

实现高效农业、农产品加工、网络营销、乡村旅游、新农村建设紧密结合的美丽乡村典型，通过一、二、三产业互融互动发展，延长产业链条，达到产加销结合、农工商并举，农业多重增值，农民多点增收，形成田园综合体构架。

（三）农村生态保护型

主要是在生态优美、环境污染少的地区建设美丽乡村，其特点是自然条件优越，水资源和森林资源丰富，具有传统的田园风光和乡村特色，生态环境优势明显，把生态环境优势变为经济优势的潜力大，适宜发展生态旅游。

（四）传统村落整理型

在美丽乡村建设中，对村内民居进行修缮整理完善，客观还原历史面貌，村内整体房屋建设规划科学有序。

（五）环境整治提升型

美丽乡村建设突出，抓基础设施建设，农村生活垃圾和污水处理有效，农户围墙大门改造整齐美观，绿化美化亮化突出，美丽庭院和干净人家建设比重大，建立起设施维护和卫生管理长效机制。

（六）民俗文化传承型

美丽乡村建设蕴含独特的民俗文化，有自身传统，并且民俗文化传承得好，发扬得好，展示得好，积极向上，充满正能量，起到教育育人、示范带动、凝聚精神、鼓舞干劲、弘扬优良文化传统的作用。

（七）名景古迹挖掘型

建设美丽乡村抓住历史优势，村内已有知名景点景观和古迹，或通过对已有的名景古迹进行升级打造，或通过全新设计建设打造知名景点景观、挖掘整理修复古迹，使名景古迹成为村子的一张形象名片。

（八）乡村旅游打造型

在美丽乡村建设中，根据各村地域区位、生态环境、历史、文化、经济发展等实际，开展休闲农业观光采摘游、生态环境体验游、历史文化纪念游、民俗文化体验游、乡村农家乐等旅游服务，有力带动农民增收致富。

（九）历史名人弘扬型

美丽乡村建设通过展示弘扬本村、暂住或来过本村的历史名人，以及抗日、抗联民族英雄，提高村知名度。彰显历史名人的典型起到了示范作用。

（十）传统农耕展示型

美丽乡村建设通过传统农耕器械、文化展示，以及按照传统农耕耕作方式进行农业生产，带动乡村旅游等服务业发展，促进农民增收致富。

为了培育、培养、选拔好多种类型的美丽乡村，大兴区相关职能部门首先是高度重视，把典型模式示范工作纳入年度重点工作任务，作为评先评优的重要依据和条件，切实把培育多种类型美丽乡村作为抓好新农村建设的重要突破口，精心谋划，科学组织，加强领导，快速推进。其次是进行科学归类。组织人员，按照类型标准，对创建的美丽乡村和计划创建的美丽乡村，进行对号入座、科学分类，有针对性地进行培育和完善提高。最后是加强宣传，利用各种新闻媒体，对培育的美丽乡村典型进行广泛宣传，加强引导，扩大影响，营造氛围，推动工作。

以下是曾经评选出来的美丽乡村典范。

1. 留民营村：全国生态文化村

留民营村地处北京市大兴区东南长子营镇，全村土地面积2192亩，260户，人口近900人。留民营村被联合国环境规划署授予全球环境保护500佳单位。留民营这个名不见经传的小村，一跃成为世界生态农业新村的典范，引起各方关注。如今，留民营村开展农业观光已有20多年的历史，成为著名的中国生态农业第一村。

2. 魏庄村：北京郊区生态村

魏庄村位于大兴区魏善庄镇南部，南邻庞安路，西接东大路，东侧与半壁店村隔小龙河相望。全村共有农业及文化园区6个。其中桃花园农业产业园以“绿色、生态、野趣”为主题意向。田野文化园占地350亩，园区收藏具有传统文化元素的田野文物1000多件，百年古树100余棵。坦博艺苑以徽州古建筑为主要特色，白墙灰瓦，全方位还原古建筑的原有特色，是大兴最大的文化产业基地，吸引大量游人，带动周边文化产业发展。

借助 2016 年“世界月季洲际大会”契机，进行土地流转工作，打造月季产业基地，发展月季产业，成为以月季产业为引领，集花卉观赏、花卉养生、科普教育、休闲娱乐、产品销售、特色休憩等多功能于一体的月季主题休闲地和世界级月季科研中心。该村曾获得“首都文明村”“北京郊区生态村”及魏善庄镇“最美月季村庄”等荣誉称号。

3. 半壁店村：民宿旅游特色村

半壁店村位于北京市大兴区镇南部，处在北京市南中轴延长线上，是大兴区的中心位置。

2016 年，魏善庄镇半壁店村依托“世界月季洲际大会”，在村内建起了泰迪低碳乐园，成了远近闻名的泰迪小镇。半壁店村打造民宿旅游特色小镇，体现了大兴区既要绿水青山，也要金山银山的美丽乡村建设思路。

在大兴区，还有很多像半壁店村一样环境优美的村庄，乡村面貌发生显著变化，由此催生的民宿经济也越来越红火。

4. 西黄垡村：昔日“皇庄”

大兴区榆垡镇西黄垡村位于风景秀丽的京南第一镇榆垡镇的最北端。该村利用人才资源和地理位置的优势，高度重视农业科技的应用，大力发展设施农业，先后建立了 1000 多个大棚，种植高产、优质的绿色有机农产品。

全村建有民俗旅游接待户 35 户，民俗旅游业也成为该村特色之一，集观光旅游、采摘、农家饭、农家乐于一体，形成了民俗旅游特色服务。

西黄垡村先后投资建起了全市第一个文化大院。该村连续 6 年被评为“首都文明村”，连续 3 年被评为“全国文明村”，2007 年被评为“北京市最美乡村”。

5. 张家场：中轴路旁生态示范村

张家场村是魏善庄镇城规划中的中心村。风景优美的星明湖度假村和绿茵别墅区就坐落在村域内，新建的国家新媒体产业基地与之毗邻。

张家场村以设施蔬菜生产、精品梨种植为主导产业，大力推广科技项目和优良品种，依靠科技种植增加农民收入。

村内实行“田字格”式管理模式，招聘管理人员实施分片到户管理。民风淳朴，社会稳定，先后获得“首都文明村”“北京市敬老先进村”“文明生态示范村”“大兴区平安村”和“五好村党支部”等荣誉称号。

6. 东辛屯：民俗文化新村

东辛屯位于大兴区青云店镇。2012 年 4 月，东辛屯民俗文化村成立。“老娘们”手擀面已成为一个特色品牌，在北京郊区独具特色，在京南独领风骚。手擀面，又称“娘娘面”，兴盛于清雍正年间，曾是雍正皇帝最喜爱的美食，距今已经有几百年的历史。在这里，家家户户均会擀得一手好面。

东辛屯民俗文化村以面为缘，以民俗文化为背景，不断挖掘和开设新的旅游产品，民俗文化广场和场地小游园建设，在环境保护方面取得了可喜的成绩，使村庄环境有了质的飞跃，形成“三季有花、四季常绿”的效果。先后获得“北京市环境建设先进村”“北京市体育特色文明村”“市级生态文明村”等荣誉称号。

7. 朱庄村：三面环林、绿荫环抱

朱庄村地处大兴区长子营镇马朱路东侧，全村区域面积 2000 亩，村民主要从事种植产业，种植梨树、桃树、枣树等 1950 亩。为了加快无公害蔬菜的市场化推广，村委会成立了“北京市惠民长丰农业专业合作社”，并获得北京市林业局颁发的“无公害农产品产地认定书”。村内建成暖棚 212 个，钢架棚 286 个，占地面积 1060 亩。

随着朱庄村的进一步发展，生态旅游成为新的经济增长点，先后建立了冬枣采摘园、蓝莓采摘园、传统贡梨采摘园，带动了乡村经济的增长。以改善居住环境为突破口，发展生态型农业，建立生态型村庄，保证经济的可持续发展。

8. 西王庄村——金鱼文化小镇

位于大兴区北臧村镇西南部的西王庄村，倚靠永定河畔。2018 年初夏，西王庄村开始在一处荒地动工挖起了鱼塘。

这个早年以种小麦、玉米为主的村庄，村民通过养金鱼发展特色生态文化景观，解决村子拆除腾退后村民就业问题，实现生态发展，赋予小镇以养殖、展示、交易、科普等功能，并融入文化创意元素。

9. 巴园子村——民族特色村

巴园子村坐落在风光秀美、土地肥沃的北京母亲河——永定河畔的怀抱，毗邻北京大兴国际机场，历史悠久，文化深厚，自然条件优越，地理位置得天独厚，是大兴区突出满族文化特色的最美乡村。荣获“北京市最美乡村”“首都文明村”等市级荣誉和区镇级荣誉。

绿色大美筑牢产业之基，产业融合催生发展内力，民族底色推进文化传承。在支部推动、合作社管理的模式下，走上统收、统装、统销的“三统”产销道路，品牌化、集中化的对外销售使得农产品交易总量成倍增长，实现了一、三产业的融合发展，相较 2001 年撤县划区数据，第三产业的比重共计上升了 70 个百分点。以“同心同德，创建京南文化明珠”为目标，成立村级“文化丛书编辑部”，先后出版《中华脊梁》《中华佳节》等十余套系列丛书，并定期举办“特色新农村”书画笔会，提升村庄文化底蕴与尚文氛围，搭建展示交流平台。连续 30 年保持社会治安案件为零的纪录，培育了“路不拾遗，夜不闭户，一呼而百应”的良好社会风尚。

新农村建设与生态文明建设有机融合的乡村振兴道路，是时代的迫切要求。美丽乡村建设是新农村建设的更高阶段，只有融入生态文明的理念，还乡村绿水青山才能称为农村之“新”。美丽乡村建设是新农村建设的升级版，乡村之美，美在田园，美在山水林田湖的有机统一。在一定意义上，新农村建设 + 生态文明 = 美丽乡村。

美丽乡村不仅美在山水田园，也美在淳朴，美在文化，美丽乡村只有读得出历史，才能记得住乡愁。乡村的自然山水景色可能较为普通，可同样有活力、有人气，其中的奥秘，就在于有故事，农耕文化底蕴深厚。文化是美丽乡村之魂、之韵，有了它就有了灵气和魅力。美丽乡村不只是看上去很美，中看还得中用。美丽还有着丰富的内涵，业兴、家富、人和、村美才是真的美。各方推出的美丽乡村，除山水田园和历史文化外，老百姓都丰衣足食、安居乐业。美丽乡村须有综合的内在素质，生态、业态、文态、形态皆重要。

大兴区“美丽乡村”建设的生动实践，给予我们深刻启示，有以下5个方面：

第一，抓好基础设施建设是生态文明与新农村建设的重要突破口。采取政府为主导、多种渠道并举的投入方式，加强农村基础设施建设，切实解决农村行路难、看病难、上学难、饮水难、环境较差等问题，为农民群众建设富裕、文明、和谐家园创造良好的外部条件。

第二，发展特色农业和生态产业是生态文明与新农村建设的重要支撑。以增产增收为主线，转变经济发展方式，形成具有区域特色和较强市场竞争力的“一村一品”“一乡一业”现代农业产业格局，为建设新农村奠定坚实的经济基础。

第三，解决民生问题是生态文明与新农村建设的根本所在。坚持以发展生产、改善民生为第一要务，通过组织技术攻关、出台鼓励政策、加强市场建设、实施品牌战略等措施，切实解决农民最关注、最现实、最迫切的民生问题，增强农民群众对党和政府的信任感，从而牢牢抓住生态文明与新农村建设的根本。

第四，充分发挥农民群众的主体作用是生态文明与新农村建设的必然要求。农民群众是生态文明与新农村建设的主体，也是新农村建设的参与者和受益者。要始终尊重群众的意愿要求和首创精神，充分发挥农民群众的积极性、主动性和创造性，达到群众创造、群众创建、群众治理、群众受惠的效果。

第五，基层党建是生态文明与新农村建设的政治保障。要着力抓好基层党组织建设、村“两委”班子建设和群众组织建设；注重指导、鼓励村民民主建立协会、理事会、新农村建设小组，充分发挥基层党组织的战斗堡垒作用和党员的先锋模范作用，使基层党建与新农村建设有机结合、相互促进。

第六章　首都发展战略下的生态治理

自2015年以来，大兴区被授权开展农村集体经营性建设用地改革试点工作，围绕集体经营性建设用地“定总量、降存量、控增量、调流量、提质量”的目标，以“疏解整治促提升”为抓手，通过“瘦身减量”和科学配置资源优化“存量”，提高土地集约节约利用水平，集中解决“人口资源环境矛盾”，推动人居环境改善和生态文明建设。

第一节 “城乡接合部改造”的决策实施

党中央高度重视首都发展，明确首都城市战略定位，做出疏解北京非首都功能的重大决策部署，为推动北京高质量发展、解决“大城市病”指明了方向。大兴区积累了大量的集体建设用地历史遗留问题，产业低端，人口聚集，环境脏乱，利益关系复杂，安全隐患突出。党中央的战略决策，为大兴区的升级发展提供了契机。

一、现实问题的挑战

具体表现在：

（一）布局零散，分布不均

全区集体经营性建设用地存量为7.96万亩。其中，北部4个镇存量4.4万亩，南部9个镇存量3.56万亩，呈现出北多南少的特征。现状布局不均衡，地块碎片化严重，全区集体建设用地共4215宗，最大的一宗614亩，最小的一宗不到1分地。另外加上各类养殖小区、物流大院等，全区需拆除腾退面积总计约12.7万亩，地上物规模约5500万平方米。

（二）承载大量非首都功能

存量建设用地 95% 以上都有地面构建物，传统业态达九成以上，产业层级低，使用效益差，符合首都定位的产业不足一成，绝大部分属于疏解对象。工业大院和周边村庄交织，逐步演化为城乡接合部典型形态，“大城市病”最为集中，“三多三差”问题突出，即流动人口多、低端产业多、安全隐患多和基础设施差、环境卫生差、社会治安差。

（三）经营方式亟待规范

存量集体经营性建设用地上的企业签订的租赁合同中，存在大量手续不全、合同不规范的问题，对集体收益产生不良影响，阻碍产业升级，亟待规范调整。

二、统筹制定决策

面对存在的诸多现实问题，大兴区采取了一系列行之有效的办法和措施：

（一）强化规划引领

利用全市“多规合一”试点，按照“瘦身减量”“空间管控”“产业承接”的要求，支撑城乡一体化有序发展，实现城市规划向农村的覆盖。大兴区根据 2035 年城乡建设用地减量目标，严控用地规模，实际拆腾土地面积约 10.66 万亩，建新土地面积约 2.64 万亩。在建筑规模控制上，总拆腾规模约 6200 万平方米，建设规模为 2557 万平方米。严守人口总量上限、生态红线、城市开发边界三条底线，根据区域功能定位、土地市场成熟度、产业转型发展需求、生态环境建设等因素，合理确定各镇的集体用地结构、布局和开发实施时序，明确生活、生产、生态用地比例和管理利用措施。

（二）合理制订拆腾方案

明确镇级集体联营公司为拆除腾退主体，由集体联营公司带领各村集体实施。合理制订拆腾方案，按照“多、快、省、稳、净”标准推进。具体为：拆得多，在约 7.96 万亩存量用地、约 5500 万平方米总建设规模基础上，目前已拆腾了约3.46万亩，约1300万平方米养殖小区、物流大院、停车场等任务；拆得快，采取“公司制定、区级把关、镇级主导、村级执行”的规范流程和办法，实现“三年主体、一年收尾”；拆得省，严格执行16号文（《大兴区集体土地非住宅房屋拆迁补偿办法》京兴政发〔2011〕16号），自2017年7月至2020年7月底分阶段进行补偿，并由镇级联营公司民主决策推进，最大限度降低拆除腾退成本；拆得稳，广泛采取村级民主程序的办法，对现有拆腾村扩大到村民表决“户决制”，综合支持率达到98%以上（其中北部四镇为100%，南部七镇为95%），由“要我拆”变成“我要拆”；拆得净，要求做到场清地平、恢复原貌，在涉及4215宗存量地块上，目前已腾出的地块基本达到无“钉子户”、无“重点户”的标准，“拆旧”区实施进场整理，“建新”区达到“三通一平”入市标准。

（三）“拆建招绿”并举

坚持“拆建招绿”（拆除腾退、建设基础设施、招商引资、复垦还绿）同步实施，共同推进。大力推进新型城镇化改造，持续加大拆除腾退力度，快速推进基础设施建设的同时，实施生态功能修复，逐步构建高端产业集聚、绿色空间覆盖的科学发展方式。

三、土地改革三项试点创新亮点

土地改革三项试点工作围绕自然资源部“总结、巩固、深化”的年度试点总要求，紧紧抓住“试点延期”与“修法施行”这一关键窗口期，坚持“大胆试、充分试、对准难题试”的总基调，坚持“顶层设计”和“基层创新”相结合，最大限度争取了改革的主动权、试点的话语权，最大力度体现了“大兴元素”“首都特色”。

入市成果重点在集地建设共有产权房基础上，实现再突破、再创新，探索打通利用集地建设商品住宅路径，加快供地节奏，加大招商力度，降低产业用地取得成本，助力区域营商环境优化、产业结构升级；宅改路径重点在

“住有所居”的多种实现形式上，趟路子、下功夫，集中在“自下而上”推动整体改造、落实“三权分置”以及“一户一宅、面积法定”等方面建章立制，实现农村环境综合整治与乡村振兴战略相互促进；征改实效重点在“征转集”项目上加快推进，做到保障项目供地与增加集体积累相结合。

四年的探索，大兴区试点在农村土地制度三项改革所取得的创新成果表现在：

（一）供地节奏助力产业升级

大兴区围绕首都功能定位、高精尖产业发展要求、临空经济区发展规划、亦庄经济开发区“225”规划和新媒体产业基地、生物医药基地扩建规划，科学合理调整集体建设用地规划布局，加快供地节奏，大力引进、培育高端优势业态，推动形成“双高（高端生产性服务业、高品质生活性服务业）、双创（创新、创业）”产业格局，为区域产业升级与经济持续发展提供广阔平台。

（二）土地用途推动产城共建

大兴区集中全力做好住宅体系探索，补齐“产城共建、职住均衡”短板。重点做好青云店镇集租房项目地块、长子营镇集租房项目地块、区级统筹共有产权房项目地块的供地、建设开发和管理运营等工作；同时，加强与自然资源部相关司局和市试点办的沟通，加快推进瀛海镇一期第15、17地块建设限竞房相关方案审批和后续工作。积极尝试、大胆实践，真正实现“同地同权”、以房补业、房随业走，推动区域产城共建、职住均衡。

（三）企业扶持优化营商环境

根据首都新功能定位和新版城市总规，大兴区在拆除腾退过程中坚持试点“瘦身减量”原则，降低开发强度，通过“拆5建1”方式取得产业用地，地块成本较高，为500万~1200万元/亩，主要包括拆除腾退补偿、农民长远收益两大部分。试点会同相关部门探索实施针对镇级联营公司和地块入驻企业的优惠政策，降低企业用地成本，助推企业安心做大做强实体经济，推动区域经济良性发展。为企业发展提供优质平台和服务，优化区域营商环境，吸引更多高端业态企业。

（四）项目配套统筹经济社会功能

大兴区会同区财政局等相关部门出台政策、建立机制、明确部门职责、加强部门联动，保障各项目地块周边配套设施与新机场建设等重大项目工程相配合，同时完善项目内部小市政设施建设，建设良好的产业发展环境与和谐的居住生活环境，统筹兼顾土地的经济和社会功能。

（五）公司管理完善基层组织权能

大兴区会同区经管站和各镇完善联营公司法人治理结构和财务管理机制，制定出台《关于加强镇土地联营公司财务管理指导意见》和《关于加强镇土地联营公司法人治理指导意见》两个文件，推动财务管理工作的优化提升，完善基层经济组织的产权权能。

四、绿色：效果中最突显的底色

农村集建地入市改革推动了大兴区“疏整促”在城乡实现全覆盖，形成拆旧与建新制度对接。通过拆旧与建新，实现了产业升级、城市更新、功能再造。解决了一揽子历史遗留问题，解除了涉地乱象，打破了城乡二元结构。在优化城乡空间格局、提高土地供给质量、推动产业结构升级、改善居民生活环境、促进城乡融合发展上取得了显著成效，更好地服务了首都“四个中心”功能建设。

效果之一：聚焦绿色升级，助推产业高质量发展

大力推进集建地入市改革，保障城乡建设和产业提升的发展需要，促进城乡要素有序流动的同时，兼顾人居环境改善和生态文明建设。一是加大生态友好型项目招商力度，建立项目储备库。注重统一土地的经济价值、社会价值和生态价值，围绕首都功能定位，把环境友好的实体经济作为重要发展方向。二是立足高精尖产业，释放土地新动能。2016 年西红门镇 2 号地

B 地块实现“首拍”以来，通过挂牌、转让、协议出让、作价入股等方式，已交易完成集建地 15 宗共 127.32 公顷，总交易额约 210 亿元。

效果之二：复垦还绿，增加绿色空间

对于拆除腾退后的土地，按照“拆后复垦、拆后还绿”的原则，一部分规划用于复垦还绿。目前，大兴区拆除腾退后的农村集建地，已有约 6 万亩用于平原造林，约 1.65 万亩复垦为耕地，增加了耕地保有量，守住了基本农田红线，保障了生态区镇发展。同时，把拆除腾退土地的后续规划和建设作为增加绿色空间的重要抓手，把生态绿色引入规划，并且和集建地入市地块布局相结合，以点、线、面穿插的形式规划新建项目绿地系统，实现新建项目中生态绿地均衡布局。

效果之三：缓解“人资环”矛盾，减轻生态负荷

实施“先拆后建、多拆少建、拆后复垦、拆后还绿”，实现“一拆治两病”。即拆除腾退解决北部城乡接合部地区“人资环”矛盾突出的“大城市病”，同时治理南部镇建设用地占地面积大、规划无序、利用低效、管理粗放的“农村病”。疏解了主要销售和服务于外埠的区域性专业市场和物流中心，加强了对“散乱污”企业的治理和对工业大院的升级改造，实现了土地的高效集约利用，加强了对土壤、水、空气的治理，改善了人居环境。截至 2020 年 7 月底，全区 11 个镇因集地入市试点工作已累计腾退土地 10.66 万亩，累计拆除地上物约 6200 万平方米，清理“散乱污”企业近两万家。经初步测算，拆除腾退每年度直接节电 3.3 亿度、节水 3163 万吨、减煤 18 万吨。经统计，2018 年

$PM_{2.5}$ 年均浓度为每立方米 53 微克，降幅达到 35%，2019 年平均浓度已降至每立方米 44 微克，全区生态环境得到整体改善。

第二节 农村集体经营性土地的生态效应探索

大兴区于 2015 年成为全国 33 个农村土地制度三项改革试点之一。几年来，立足首都城市战略定位，形成了以镇级统筹、区级调控为特色的“大兴模式”，获得了规划落地、减量提质、城乡融合、产城共建、共享发展等方面的综合效应。

党中央高度重视首都发展。党的十八大以来，明确做出疏解北京非首都功能的重大决策部署。大兴区从 20 世纪开始发展镇村工业大院，到 21 世纪后，城乡接合部形态加快蔓延。全区集体经营性建设用地存量为 7.96 万亩，布局较零散，分布不均衡，呈现出北多南少的特征，还承载了大量非首都功能，存量建设用地 95% 以上都有构建物，传统业态达九成以上，产业层级低，使用效益差，符合首都定位的产业不足一成，绝大部分属于疏解对象。工业大院和周边村庄交织，逐步演化为城乡接合部典型形态，“大城市病”最为集中。落实北京城市总体规划面临硬性约束。新一版城市总规对减量发展提出了明确要求，到 2035 年，大兴区需腾退城乡建设用地规模约 113.26 平方公里，总体减量 36%，在集体建设用地存量既定的情况下，规划实施必将对不同村庄的未来发展产生差异化影响。

这些因素意味着，采取“村自为战”的主推模式，必然难以解决地区发展实际面临的多重难题。大兴区坚持社会主义市场经济改革方向，坚守土地公有制性质不改变、耕地红线不突破、农民利益不受损三条底线，在

大槐树寻根纪念园

2011年开展“镇级统筹下的集体建设用地利用模式创新”的基础上，坚持走“镇级统筹”的操作模式。

建立完善“同权同价、流转顺畅、收益共享”的入市制度。

一是以镇级统筹模式整体推进改革。首先是坚持规划先行，统筹用地，明确“不规划，就不能开发”。结合镇域土地利用总体规划和城乡规划修编，落实减量要求，锁定建设用地总量，调整用地空间布局。将镇域内零星、分散的集建地向城镇核心区、产业区、重点项目区集中，优化土地配置，显化资产价值，推动产业集聚。其次是坚持拆建并举，统筹发展，明确“不拆腾，就不能建设”等措施。本着先拆后建、多拆少建，降低建设用地存量等目标，提高生态空间比例，优化人居发展环境。本着“尊重历史、承认现实、区别对待”的原则，对于不同时间节点建设的房屋采取不同补偿标准，拆除腾退后，统筹推进高端产业发展和基础设施、生态环境建设。最后是坚持确权确利，统筹利益，明确“不确权，就不能入市”。因地制宜，采取以人入股、以地入股等模式，综合考虑各村集体土地面积、区位、规划用途以及人口等因素，合理设计股权结构，完善收益分配机制，有效保障村集体经济组织和成员利益。

二是创建镇级联营公司，提升组织化程度。充分尊重集建地所有权人的权利，在保持集体土地所有权不变的前提下，由各村集体经济组织履行民主程序，以土地使用权作价入股或现金注资的方式，通过工商注册成立具有独立法人资格的镇级联营公司；坚持民主决策，充分授权，实行“一次授权、全权委托”，把土地使用权全权交给联营公司，联营公司负责用地报批、整治开发、拆除腾退、规划建设、入市交易、合同签订、土地交付、运营管理、收益分配等工作；强化企业管理，加强政府监管，按照现代企业治理结构，建立股东会、董事会、监事会，制定完备的人事、财务、审计、资产、合同等管理制度，实行规范化、制度化管理。到2020年初，全区已有12个镇、337个村、24.4万成员、8.35万亩集体土地统入镇级联营公司。

三是金融改革激发农村土地市场活力。会同市区两级20多家金融机构，创设以“集体经营性建设用地入市后未来收益”作为抵押的金融产品，明确集建地使用权可以设立抵押权，通过专业评估后，在土地整治阶段即可获得相应贷款。试点以来，全区各镇联营公司总授信额度总计780亿元，实际发放贷款491.9亿元；完善全方位金融产品体系——针对集体经营性建设用地入市各阶段资金需求，6家银行研发推出了“开发建设贷款”“产业运营贷款”“政策性租赁住房贷款”等专项金融产品，可满足集建地产业项目日常经营资金、物业购房资金、建设租赁住房资金等各项资金需求。试点以来，相关土地抵押、项目建设贷款过百亿元；防范金融风险，在源头上算好“资金平衡账”；严格控制土地整治开发及上市运营成本；用好区级统筹资金池，发挥财政扶持功能，保障各镇项目资金平衡。

四是土地增值收益形成合理分享机制。根据建设开发强度大、拆除腾退成本高、农民收益保障诉求强、入市收益关联因素多等情况，并按照与土地征收补偿安置标准相衔接的要求，确定征收土地增值收益调节金的比例为土地交易总额的8%~18%，调节金统筹用于农村基础设施建设、周转垫付联营公司资金等支出；保证农民有更多获得感，按年支付集建地租金，每5年增长5%，确保既得收益不因试点而减少，合理设计留地、留物业、留资产和入股经营等方式，形成长期稳定收入；强化土地收益金使用监管，将集建地入市收益纳入农村集体资产统一管理，由镇经管部门进行“账款双托管”，分配和使用执行“初始动议、决策留痕”的民主程序，做到专户存储、专款专用。实现土地增值收益的大体平衡，壮大了集体经济，增加了农民土地财产性收入。

五是集建地权能助推高质量发展。围绕实现集建地使用权出让、租赁、作价出资（入股）等入市途径，创新一整套与之相适应的制度机制；丰富集建地功能用途，按照国家自然资源部相关要求，在市里的大力支持下，适度将部分集建地调整为“住宅”，实现在集建地上建设公寓、集租房和共有产权房，正在积极争取建设限竞性商品房；推动“产镇融合”，在集建地入市上确立“业态引领、用途引导、节约集约”原则，加强产业规划、功能承接及扶持政策研究，制定严格项目准入标准，大力引进符合首都功能定位、大兴产业发展需要的高端项目。

大兴区作为北京市唯一的土地制度改革试点区，探索形成了一整套以“镇级统筹”为主要特色的集建地入市制度体系，向建立城乡统一的建设用地市场迈出了实质性步伐，体现了改革试点所形成的丰富的制度性成果，也对地区发展产生了深远影响。

——一揽子历史遗留问题得到有效解决。大兴区作为特大城市郊区，最为突出的就是城乡接合部难题，各类历史遗留问题极为复杂。大兴区以土地规划、城乡规划、经济社会发展规划“多规合一”为引领，以所有存量集建地集中拆除腾退为前提，精心进行制度设计，稳妥推进改革，有效化解了附着在集建地上的各类历史纠纷和矛盾隐患，在一个全新的基础上明确了全区集建地的总体规模、规划布局、入市途径、管理规范等，卸下了多年积累的沉重“包袱”，步入轻装上阵加快高质量发展的快车道。

——为首都功能定位提供现实途径。突出减量提质，坚持“不拆腾，就不建设”，总体上实行“拆五建一”，腾退后的土地 1/5 重新规划建设，4/5 进行复垦和还绿。同时，拆除腾退成为疏解非首都功能的强有力举措，实现了全区工业大院、物流大院、养殖小区等的基本清零。

——为城乡平衡发展注入内生动力。在集建地上，产业地块为高端产业发展和群众创新创业提供了载体，居住地块解决了企业员工居住需求，基础设施建设补齐了土地承载力短板，形成了农民自主的低成本就地城镇化模式。镇级联营公司作为市场主体，变土地资源为市场资产，形成了农村“自我造血”的长效机制。

——健全了自治、法治、德治结合的乡村治理体系。坚持农民主体地位，提出“只要不民主，就不能推进”，通过民主程序授权联营公司，各村股东代表参与联营公司运营管理，提高了农民组织化程度。在推进拆除腾退、民主决策等各项工作中，得到了广泛的理解和支持，自治、法治、德治进一步健全了乡村治理体系。

——公平与效率得到了合理兼顾。“镇级统筹”有效地解决了因发展权和收益权不均衡引发的“穷村越穷、富村越富”问题，保证了公平和效率的统一。设立镇级联营公司，将辖区内村集体经济组织联合起来，成为新形势下实现农村土地集体所有制的有效形式。

第三节 打响污染防治攻坚战

打造生态文明的重要任务，就是以壮士断腕的决心、背水一战的勇气和攻城拔寨的拼劲，坚决打好污染防治攻坚战，集中力量解决大气污染、水污染、土壤污染等突出环境问题。良好的生态环境可以提高人民生活的幸福指数，是经济社会持续健康发展的支撑点。这些年来，随着经济的快速发展，生态问题也集中凸显，资源约束趋紧、环境污染严重、生态系统退化，多领域、多类型、多层面的生态环境问题累积叠加，生态环境频频“报警”。

到“十二五”结束时，大兴区环境保护仍然面临严峻形势。在大气污染防治方面，城市运行带来的“刚性”污染比重越来越大，呈现点多、量大、面广和间歇排放的特点。根据本市环境监测和气象部门当时的联合预测，气象条件整体偏差，尤其是 1 月，$PM_{2.5}$ 月均浓度同比反弹，空气质量持续改善的压力极大。在水污染防治方面，全区水环境治理已由城镇地区向农村地区延伸，农村地区的污水收集管网、处理设施建设任务十分繁重。同时，水生态修复保护是一项系统工程，要逐步实现有河有水、有鱼有草、人水和谐的水生态环境，仍需开展大量工作。此外，精细化管理存在较大差距，部分镇街细颗粒物、粗颗粒物浓度排名长期落后，属地监管责任未全面落实。因此，认清严峻形势，立足于最不利情形，提前做好最充分的工作安排，采取最严格的工作措施，以最大的工作力度，扎扎实实一天一天去争取、一微克一微克地抠，确保完成污染防治攻坚战任务目标，尽最大努力推动生态环境质量的持续改善，使大兴天更蓝、地更绿、水更清、环境更优美。

一、深入推进蓝天保卫战

大兴区尽最大努力改善辖区空气质量，实现细颗粒物（$PM_{2.5}$）年均浓度低于 44 微克 / 立方米，三年滑动平均浓度继续下降；聚焦柴油货车、扬尘和挥发性有机物，加大精治、法治、共治力度；实施《北京市机动车和非道路移动机械排放污染防治条例》，加强移动源污染管控；督促落实各方各级责任，打造“以图查尘”“以路督尘”“以技治尘”“以扶降尘”治理体系，将扬尘控制措施落实到位；结合“疏解整治促提升”专项行动，加大对涉挥发性有机物企业的淘汰力度，抓好石化、印刷、餐饮、汽修等重点行业减排工作；坚持管理与服务并举，建立绿色发展企业“绿星”信用等级监管制度，实现“对违法者依法严惩，对守法者无事不扰”；加强区域联防联控，强化空气重污染应急，协同做好重大活动期间的空气质量保障。

以“高排放车”为治理重点，持续加大重型柴油车管控力度，355辆超标车纳入了“黑名单”闭环管理，淘汰国三柴油货车3438辆，率先在全市开展出租行业置换纯电出租车工作，新能源及纯电公交车辆占实际运营车辆总数的100%。组织3327台非道路移动机械编码登记，调整扩大非道路移动机械低排区范围。以“降扬尘”为目标，印发实施《大兴区扬尘管控工作意见》，创新车载颗粒物、道路尘土残存量、尘负荷等监测体系，整合各行业施工工地641个探头的施工扬尘监控系统，初步建成全区统一的扬尘视频监管平台。依托覆盖全区镇街的粗颗粒物监测网络实时监测，每日通报各镇街粗颗粒物浓度，每月对120条道路开展尘负荷监测并排名通报。水务、园林绿化、交通等部门对本行业违规企业采取通报、扣分等方式实施联惩。加大城市道路“冲扫洗收”力度，新工艺作业覆盖率达到93%以上。2019年，全区降尘量5.6吨/平方公里/月，同比下降28.2%，居全市第六位。以“生产生活源”为重点，对8家企业开展强制性清洁生产审核，对6家挥发性有机物重点企业实施“一厂一策”深度治理，960家餐饮企业实施油烟提标改造。落实排污许可“一证式”管理，完成汽车制造、电子器件制造、热力生产和供应等行业421家企业核发。以“削峰降速”为目标，修订和细化区空气重污染应急减排清单和196家企业应急减排清单，实施分级、分类的差异化绩效管理。

二、全面推进碧水保卫战

落实好四级河长制，排查、整治饮用水源保护区内影响水质的突出问题。“保好水”，实施城乡水环境治理三年行动方案，因地制宜，治理农村地区小微水体（含农村黑臭水体），整治入河排污口；“治差水”，深化水环境联保联治，启动入河排污口污染溯源及动态管理示范项目、安定镇农村污水生态处理工程示范项目、凤河营（长子营段）生态修复项目。

全力保障饮用水安全，完成集中式饮用水水源地调查评估，按季度公开集中式饮用水水源安全状况；着力实施水环境治理，落实河长制，各级河长巡查 3 万余次，区河长办督办问题 842 处；加快污水处理和再生水利用设施建设，全区污水处理率 90%，新城污水处理率 93%，全年建设污水管线 145.12 公里、再生水管线 16.33 公里、改造雨污合流管线 3.76 公里；实施“清河”执法行动，出动执法人员 4157 人次，检查涉水污染源 2891 家次，发现水环境违法行为 77 起，处罚金额 649 万元；持续改善水生态环境，推进再生水用于生态补水，利用再生水 1.2 亿吨。通过镇村污水处理设施建设、面源污染治理、排污口综合整治等措施，河道水质持续改善。

三、稳步推进净土保卫战

依法依规、分类施治，严控农用地、建设用地的环境风险，让群众“吃得放心、住得安心”。

持续开展土壤详查和农用地分类管理：全面完成农用地土壤污染状况详查，推进重点行业企业用地调查，提前完成耕地土壤环境质量类别划分，建立优先保护类和安全利用类耕地分类清单。多措并举预防土壤污染：6 家土壤污染重点监管单位完成自行监测、隐患排查等工作，完成 6 个非正规垃圾堆放点整治，综合施策实现农药化肥减量增效，农药、化肥利用率分别提高到 44.53%、41.6%。强化建设用地风险管控：组织开展关停企业用地动态筛查，实施建设用地土壤污染风险管控和修复名录制度，建立土壤污染状况调查评审机制，143 万平方米建设用地实现安全利用。

四、资源节约清洁利用行动

坚持节水优先。成功创建节水型区，全区用水总量为 3.5 亿立方米（不含亦庄开发区），其中新水用量为 2.27 亿立方米，再生水利用量为

1.26 亿立方米，创建节水型单位 83 个，节水型社区（村庄）10 个，在亦庄镇、旧宫镇换装高效节水器具 1.22 万套。

积极应对气候变化。推进温室气体减排，顺利完成应对气候变化职能划转，有序运行碳市场，49 家重点排放单位全部完成履约任务。

加强垃圾分类管理。率先在全市开展垃圾“定时定点”投放、“互联网 +”智慧分类、餐厨垃圾“一级收运”、垃圾分类进校园等工作。全区垃圾分类示范片区覆盖率达 60%，分类社区达 212 个，覆盖 38 万户居民。生活垃圾产生量 89.06 万吨，生活垃圾清运量 89.03 万吨，生活垃圾无害化率达 99.96%。

注重回收利用。开展农药包装废弃物综合处理，回收农药包装废弃物 300 万个，销毁 2.39 吨。回收农用地膜 1200 吨，发放新地膜 400 吨。大兴区建筑垃圾资源化处置量 3987 万吨，建筑垃圾再生产品利用率达 85.7%，均位居全市第一。

五、完善生态环境保护治理体系

健全生态文明制度体系。大兴区成立区委生态文明建设委员会，圆满完成 47 项年度重点任务；制订本区生态环境保护工作职责分工，明确各级党委、政府、有关部门的生态环境保护职责；落实自然资源资产负债表编制制度，实施党政领导干部自然资源资产离任审计，完善生态保护补偿机制和生态环境损害赔偿配套制度。

强化生态环境保护督察力度。中央、市级环保督察反馈意见涉及大兴区 61 项，已完成 59 项，剩余两项正在按照完成期限序时推进。同时，对各项环保督察任务整改开展“回头看”，反馈问题 40 件，均已立行立改。区环保督查办开展日常、专项、预警督查 1000 余次，派发督办环境类问题 788 件，工作约谈 5 次。

第一，深化“一微克”行动。2019 年 5 月制定并印发实施《大兴区大气污染防治“以奖促管”工作实施办法》《网格环保员及巡查员工作内容、工作要求、管理标准》及《大气污染源管理规范及标准》，建立 14 项大气污染源台账，将精细化管理由 14 个镇 6 个街道向 527 个村 731 个网格延伸，建立“一小时一比较、一平米一排查、一网格一细化、一专项一整治、一属地一拉练”的“五个一”机制，切实压紧压实村居生态环境责任“最后一公里”。

第二，提升农村治污水平。加强粪污资源化利用，规模化畜禽养殖场污染治理设施配套率达 100%，粪污资源化利用率达 80%。全年重点加强动态检查，对现有规模化养殖场粪污处理情况进行不定期检查。完成市级下达的 40 个村环境综合整治任务，饮用水卫生合格率达 100%。按照 PPP 模式开展农村治污工作，解决 50 个村污水收集处理问题。

第三，严格执法监管。固定源方面，依托热点网格、车载技术等科技手段，严厉打击生态环境保护领域违法行为。检查各类固定污染源 1.26 万家次，依法查封违法排污企业 149 起，处罚环境违法行为 922 起，处罚金额 2523.68 万元；有效衔接行政执法和刑事司法，移交公安部门 3 起，行政拘留 3 人。全年查处五类重点案件办理数量排名全市第一。2016~2019 年，大兴区生态环境局监察支队连续四年荣获全国执法大练兵先进集体、先进个人。移动源方面，闭环监管、高压执法，在大广高速进京检查站建设综检站，24 小时路检路查重型柴油车 19.3 万辆次，抽检超标率下降到 16.9%；精准入户抽查 1.3 万辆次，处罚量同比增长 153%。重型柴油车路检、入户、氮氧化物排放、非道路移动机械等处罚金额位列全市前四。

第四，构建“共建、共治、共享”格局。优化营商环境，及时全面掌握环保企业需求，全年环评审批项目平均用时较全市提前 60%。“12369”举报平台受理投诉举报和信访事项 168 件，按时办结率达 100%。充分调动全社会力量参与，新媒体发布信息 2000 余条，设置互动、有奖话题 32 期，增加粉丝 3 万余人，精心开展“六五”环境日、“以案释法”、宣传讲座、中小学生环保演讲比赛等公众参与活动近 80 场，引导市民践行绿色生活。

生态治理，道阻且长，行则将至。努力让大兴的天更蓝、水更清、环境更优美、人民生活更幸福。十多年的艰苦努力，大兴区为“新国门·新大兴”塑造交出一份社会认可、群众满意的答卷。

（一）臭水沟变身“打卡圣地”

河流是大地的血脉，是城市景观的灵魂风韵和文化载体，但对于大兴区来讲，这句话显得有些刺耳。尤其20世纪末，随着经济发展和人口增长，大兴区不少河流河道开始萎缩，水质变差，生态日益恶化。为了让河流再次“动”起来，近年来，大兴区下足真功夫——综合治理工程、生态提升工程、区内“河一渠”整治提升……曾几何时，那些“臭水沟”变身成为“桃花源”，不但提亮了整个城市，还让市民多了游玩休闲的好去处。

新凤河是凉水河的主要支流，属北运河流域。它西起永定河，东接凉水河，全长30.1公里，流域面积166平方公里。它是北京市“三环水系绕京城”的主要组成部分，是连接大兴、北京经济技术开发区、通州三区的重要生态廊道。2015年《北京市黑臭水体判定成果》将新凤河干流及其左岸6段水体被判定为黑臭水体。

近年来，北京市大力发展生态文明建设，用实际行动践行“两山”理论。2017年3月，北控水务承接大兴区新凤河流域综合治理PPP项目，全面负责新凤河项目，包括投融资、设计、建设及运营。通过初雨调蓄及处理、透水铺装、下凹式绿地、河口功能性湿地，基本实现全流域面源污染控制。针对以再生水为补给水的北方河道，通过“水—岸—底”系统化生态构建，全面恢复河道水生态及生物多样性。通过物联网、大数据及云计算技术，建立入河排污口排查、监测、溯源、整治、管理工作体系，实现“环境水体—入河排污口—污染源”闭环和动态联动管控。

新凤河新增污水、再生水管网49公里，污水处理能力为2.5万吨/天；新增初雨调蓄池2座，功能性湿地2座，健康步道24公里；恢复水生植物456亩、河岸带植被1825亩；新增水生植物8种、鱼类6种及多种底栖生物，生态环境逐渐优化。经过以流域为治理单元、以水质达标为考核绩效、以再生水补充水量的科学治理，最终实现了“水清岸绿、鱼翔浅底”的治水目标，水生植物、鱼类、鸟类数量逐渐增多。新凤河经过治理，如今河清水晏，缓缓东流，从昔日有名的“蚊子河”“臭水沟”蜕变为市民休闲散步的“打卡”地，成了北京市南部地区大兴、亦庄和通州城市副中心的重要生态廊道。

（二）生态宜居，数字的大跨步

目前，大兴区 $PM_{2.5}$ 累计浓度 44 微克 / 立方米，同比下降 17%，空气环境质量达到历史最优水平。“河长制”以岗择人，以人定责，“四乱”问题全部销账。“口袋公园”见缝插绿，“绿色走廊”穿越城镇，推窗“建绿”增强了宜居“绿肺”功能。围绕机场等重点区域，实施绿化 3.28 万亩，实现“穿过森林去机场”。黄村、西红门、旧宫城市森林公园主体绿化工程完成，孙村公园对外开放。曾经脏乱差的背街小巷通过环境整治，“长”出了公园绿地、城市森林。功能疏解腾退出的大片空间通过“留白增绿”，连成大尺度公园绿地，为大兴城镇打开万亩“林窗”。扎实开展农村地区人居环境整治，累计拆除私搭乱建 5.2 万余处、164 万平方米，清理生活垃圾 43 万余吨。着力拓展生态空间，实施绿化 3.28 万亩，完成“留白增绿”111 公顷。

（三）便民服务，实现质的飞跃

三年来建设提升基本便民商业网点 337 个，“一刻钟社区服务圈”社区覆盖率达到市级要求标准。棚户区改造 4009 户，老旧小区管理机制不断健全完善。以重点区域治理带动生活品质提升，城乡街区背面环境整治得以提升，地区整治提升加快推动，城乡接合部市级挂账重点村、地区的综合治理得以彻底改变。“街巷长制”创新经验迭出，启动火神庙商圈和龙河路、市场路街区升级改造，完成三中巷等 8 条背街小巷整治，打造精品街区、最美街巷。建设和提升生活性服务业网点 102 个，基本便民商业服务覆盖率达 95%，加快布局“京东 7 鲜”等一批品牌特色便民网点，群众多样化需求得到更好满足。智慧交通、智慧医疗、雪亮工程等 16 个项目建设正在加快推进，18 条道路停车电子收费实现全覆盖。城市运行管理中心投入使用，实施夜景照明工程，围绕商圈、生活圈打造夜间新地标，市容市貌整洁靓丽。

（四）乡村社区，内生力不断激活

农村地区人居环境整治持续发力，2019 年底，累计拆除私搭乱建 4.9 万处、152 万平方米，清理生活垃圾 41 万吨。新建改造农村公厕 737 座，户厕无害化改造覆盖率 97.8%，高标准完成 16 个试点村建设任务，安定镇前野厂村被评为全国“一村一品”示范村。全区 65 个重点村实施落图制管理。“三清一控”治理目标安全发展基础不断夯实。始终落实减量发展要求，专项行动开展以来，累计拆除历史违法建设 1986 万平方米，“散乱污”企业保持动态清零，疏解一般制造业、无证无照经营和“开墙打洞”治理实现三年任务两年完成。

六、统计数字里的美丽大兴

（一）空气质量

用“久久为功奋进，蓝天常在可期”比喻最为恰当。据 2020 年初统计，2019 年全区 $PM_{2.5}$、PM_{10}、二氧化氮和二氧化硫年均浓度分别为 44 微克 / 立方米、79 微克 / 立方米、40 微克 / 立方米和 4 微克 / 立方米，均为 2013 年以来历史同期最低。主要呈现三方面特点：一是重点监测指标明显改善。四项主要大气污染物同比均有改善，$PM_{2.5}$、PM_{10}、二氧化氮和二氧化硫同比分别下降 17%、18.6%、16.7% 和 20%。二是 $PM_{2.5}$ 浓度创历史新低。$PM_{2.5}$ 年累计浓度低于年目标值 8 微克 / 立方米，其中 3~12 月，$PM_{2.5}$ 月累计浓度均为 2013 年以来历史最低值，夏季 $PM_{2.5}$ 浓度基本保持一级优水平。三是优良天数增加，重污染天数减少。$PM_{2.5}$ 优良天共 318 天，占比 87.1%，其中一级优 179 天，二级良 139 天；重污染天数 11 天，同比减少 5 天。$PM_{2.5}$ 一级优天数显著增多，占比达 49%。

（二）水环境质量

曾经的“上风上水上海淀”版在大兴正式“翻版”。2020 年初，全区区级集中式生活饮用水水质符合国家标准。全区地表水体监测断面高锰酸盐指数（CODMn）、氨氮年均浓度分别为5.7毫克/升、1.09毫克/升，同比分别下降19.8%和62.6%。地表水环境质量同比变化指数居全市第一。5个考核断面平均水质全部达标。

（三）土壤环境质量

2020年初，全区土壤环境质量总体良好，土壤污染风险基本得到有效管控，提前一年达到“受污染耕地安全利用率、污染地块安全利用率90%以上”的目标。

（四）声环境质量

2020年初，全区建成区的区域环境噪声、道路交通噪声平均值分别为52.4分贝和69.8分贝，声环境质量基本稳定。

（五）辐射环境质量

2020年初，全区空气、水体、土壤中的放射性水平与往年相比无明显变化。电磁环境质量状况良好。

（六）生态环境质量

按照国家《生态环境状况评价技术规范》，2019年本区生态环境状况指数（EI）为57.9，保持在“良”的等级。

第四节 实施城市品质精细化治理

习近平总书记在中央政治局常委会会议审议《北京城市总体规划（2016年—2035年）》时，提出了“北京城市总规最根本的是解决好‘建设一个什么样的首都，怎样建设首都’这个重大问题”。如何以“钉钉子”精神抓好贯彻落实，是摆在大兴城市管理面前的课题。大兴区紧紧围绕

"精细化"这个核心关键词，在精治、共治、法治上下功夫，不断取得治理新成效。

一、在精治、共治、法治上下功夫

（一）在精治上着力，突出街区治理精细化

近年来，在新城核心地区重点实施精细化管控专项整治行动。针对无照经营、非法运营、私搭乱建等各种常见违法形态，因时而异、因地而异、因事而异，严格按照"区域全覆盖、时间全天候、人员全参与"的要求，确立"三块重点区域、三个重要时段，三条主要道路"的治理目标，落实"落图制"，开展盯守，全面整合资源，集中优势力量，持续推进工作。

同时在精细处下功夫，把治理触角向新城背街小巷区域延伸、向镇域重点大街延伸、向城乡接合部延伸，破解城市"细微血管"中存在的环境秩序痛点问题。

（二）在共治上聚力，突出协同执法精准化

注重调动"行业主体、管理主体、执法主体、经营主体"的积极性，整合各行业、各部门执法资源，做到城市建设与城市管理、城市管理与城管执法、城管执法与属地负责、属地负责与行业主责相互衔接、共同促进、协调发展。坚持属地管理原则，以镇街为第一责任人，统筹城市环境秩序综合治理，不断畅通城市管理上下游渠道，精准锚定治理链条节点部门的责任，在设施建设、综合管理、问题发现、执法整治、宣传引导上分别推进，实现"理顺条块结合、重心逐步下移"。推行基层管理和执法的扁平化，班子成员在"五个一"下基层机制的统领下，高位协调属地、相关部门解决问题，充分发挥街镇主体作用和社区的基础作用，实现责任共担和利益共享，打破行业藩篱，深化部门间数据资源共享，加大案件移交移送力度，持续推行政府购买社会化服务，拓宽社会资本治理的业务范围，补齐政府管理力量和执法力量不到位带来的短板。形成"政府主导、行业主

责、社会协同、公众参与”的城市管理与治理体系。

（三）在法治上发力，突出流程实施精确化

坚持用制度约束执法行为，促进执法工作落实。工作中以市城管系统年度考核工作目标为抓手，厘清职责，列出分管领导及各科室负责条目，做好制度上墙，定期通报。严格执行执法常量指标考核制、重复举报立案制、管理责任制、案件审理制、责任追究制，提升督查检查及跟踪问效水平。在日常执法中始终坚持以服务为先、服务至上，强调执法过程必须全程录像留影，步步留痕，坚决杜绝执法不作为、执法不公正、执法不透明等问题。对内建立和完善巡查制度，强化统筹协调，强化实践执行，加强制度管控。主动接受外部的社会监督、媒体监督，及时弥补工作中的漏洞，实现监管全覆盖。

二、推进生活垃圾分类处理

生活垃圾分类处理是北京市“疏解整治促提升”专项行动的重要内容，也是大兴区“打造首都南部发展新高地、建设京津冀协同发展桥头堡”的重要目标之一，事关群众的切身利益。

大兴区连续出台了《关于开展机关单位生活垃圾强制分类的工作方案的通知》《关于印发加快推进大兴区生活垃圾分类工作的意见的通知》等政策性文件，明确了推进目标，提出了具体措施，使政策法规和规划不断完善。

首先，各类垃圾处理设施项目建设稳步推进。全区已建成运行的生活垃圾无害化处理场（厂）3 座，其中卫生填埋方式 1 座、快速生化制肥 1 座、焚烧发电厂 1 座，无害化设施处理能力达到每日 4100 吨以上。新机场配套的大兴安定焚烧发电项目也在紧锣密鼓地开展中，建成后日处理能力将达到 1500 吨 / 日。

其次，全区日常保洁得到加强。环境卫生服务队伍健全，清运体系运转顺畅，做到日产日清，生活垃圾无害化处理率由“十二五”时期初的

92.68% 提高到现在的 99.91%。

最后，进一步探索生活垃圾的分类科学管理。在清源街道启动了“创建北京市垃圾分类示范街道”工作，涉及街道的 24 个社区，53 个小区。区垃圾转运站已建设完毕，全区转运站人员、设备均已配齐，待部分设备升级改造完成后即可正式运营。转运站可将收集的垃圾进行分类、消毒、破碎、压缩，并依靠防护措施对粉尘、臭气、渗液等进行处理，杜绝二次污染，进而大幅提高大兴区垃圾分类处理的效率，削减直接进入填埋场的垃圾量。

三、生态文化日渐深厚

生态文化是生态文明体系的内核，是生态文明建设的灵魂。加快构建生态文明体系，加快建立健全以生态价值观念为准则的生态文化体系，以生态引领绿色发展，凸显了大兴生态文化的引领价值。绿色文化是绿色发展的灵魂，绿色文化涵养绿色发展，只有使崇尚绿色、崇尚自然、崇尚环保成为社会主流价值和主流文化，才能更好地建设幸福美丽大兴。大兴区的生态环境治理“三年行动，三箭齐发”，天空似无边蓝锦、河流波光潋滟、土壤绽放芬芳，一幅幅优美画卷正在这片京南大地上徐徐展开。大兴区坚持“一年打基础、两年见成效、三年上台阶”，全面发起“水气土”环境治理攻坚战，奋力跑出生态环境保护“加速度”，成效显著，收获颇丰。

全面建设生态住宅、绿色住宅，实现居住区绿色环境的生态文化，是大兴区生态绿色理念的深度实践。居住小区在坚持以绿为主的前提下，满足了居民健身、运动、休闲的需求，创造了宜人居住的生态社区。同时，生态社区注重把大自然引进群众生活，达到人与自然的融合和相互协调，最大限度满足群众对环境的生态要求，昔日的美好愿景如今立体呈现，公园、绿地，装点着城市的绿色容颜，实现了“推窗见绿，出门见景，人在绿中，城在园中”的和谐宜居理想。景观园林绿化建设方面，大兴区在绿色屏障奠基基础上，从2016年起，开展了小微绿地建设，利用居民区周边拆违、废弃地和边角地等，采取“挖潜增绿、见缝插绿”的方式进行了增绿，当年建成小微绿地6.9公顷，清理了城区绿地管理中的死角，改善了人居环境，提升了百姓的生活幸福感。

第五节
“腾笼换鸟”走出环境治理新路

“腾笼换鸟”是一种产业结构调整和产业升级策略。“笼”是对区域空间的形象化表达，“鸟”指的是产业。“腾笼换鸟”即由于土地资源、环境资源及其他资源的限制，该区域迁出或淘汰区域内低端产业，引入并发展高端产业，从而完成区域内的产业置换、产业结构调整和产业升级。历年来，大兴区一般制造业和污染企业不断退出。近五年，贯彻落实《北京市2013—2017年清洁空气行动计划》已取得阶段性成果。此举意味着过去那些“有钱就任性”的企业将举步维艰，甚至不复存在。“腾笼换鸟”，考验着一个地方的治理者回应群众关切的执政意识，以及解决复杂问题的执政能力，也走出了一条环境治理新路。

进入21世纪，民众日益增长的环境需求和环境公共产品供给不足，已经成为社会的基本矛盾之一。事实上，一般制造和污染企业在行业内看似“小”，却是名副其实的“香饽饽”、就业大户，是镇、村的经济支柱。大兴区的这份勇气和决心可嘉，也令人增添了“还我蓝天”的信心。

绿色发展的核心是正确处理经济发展与环境保护的关系。推动地方发展方式绿色转型，既要补上工业文明的课，又要走好生态文明的路，必须摈弃过去发展经济一味地主要靠基础建设、发展产业、招商引资的老路，更需要统筹协调，做好关停并转、节能降耗的“减法”，学会生态修复与补偿的“加法”，探索生态经济、新兴产业的“乘法”。

无论是“腾笼换鸟”退出一般制造和污染企业，还是将腾退土地另作他用，每一项具体的转变，都面临深刻的利益调整，也可能带来新的矛盾和问题，甚至产生不应有的利益链条。为此，对被淘汰的污染企业应当及时公开、公示，接受社会监督，并加大可能对重操旧业的考核、监督和审计力度。总之，污染企业的退出，从根本上要依靠市场无形的“手”，但政府这只有形的“手”更为重要。

治理环境污染需要“壮士断腕”的决心，这非可有可无的选择题，而是必须依法做出的必答题。大兴区依照各类法律法规和环境保护规划，形成引导、鼓励、督促企业履行责任的长效机制，实现了经济发展与环境保护的共赢。

“腾笼换鸟”在世界经济发展史上相当普遍，一个区域或经济体的产业升级必然是一个“腾笼换鸟”的过程。“腾笼换鸟”是经济发展到一定阶段自然发生的产业转移现象。“腾笼换鸟”改变的是高投入、高消耗、高排放的粗放型增长方式，换来的是质量与效益、经济与社会协调的增长方式，最终带给人民群众的是幸福安康的生活。“腾笼换鸟”如同“凤凰涅槃，浴火重生”，需要“一石三鸟”：新体制牵动，新机制驱动，新产业拉动；最重要的是“倒逼机制”。

其积极意义主要体现在以下 4 个方面：一是利于优化资源配置。当产业劳动密集的加工生产环节转移时，引进高新技术、金融、服务等产业。这样，在资源、劳动力、市场份额等方面都会得到比较好的、合理的安排。二是带来了经济发展的新机遇。能够充分利用劳动力，扩大就业，为乡镇城市化、城市向卫星城市扩展的趋势起推动作用。三是提高市场竞争力。高技术制造业利于形成具有国际竞争力的高科技产业群体。四是有利于进一步缩小城乡差距，营造良好的生活环境。在“腾笼换鸟”过程中，大兴经济抒写了一个又一个精彩的故事：战略性新兴产业犹如雨后春笋，在大兴土地发芽、成长；传统产业改造升级，推动大兴制造转向大兴创造，大兴贴牌转向大兴品牌；现代服务业方兴未艾，为大兴经济注入了新能量；“绿色大兴、美丽乡村”建设日渐深入人心。

“腾笼换鸟”让大兴经济的综合实力和竞争力得到了很大提升，大兴人民的生活品质得到了明显改善。

北京首兴永安供热有限公司就是“腾笼换鸟引凤来”的一个典型例证。该公司位于大兴工业开发区，1994 年建成投产，建成后的供热厂锅炉对周边环境的污染越来越严重。2013 年，供热厂完成煤改气改造，老厂房区也进行了改造。原来的送煤廊道成了艺术范儿十足的步行通道。原来还是“污染源”的供热厂，如今腾退出三分之二的场地，引入了创新工场，目前已经入驻了规模性的文创企业上千家。

改造后的供热厂成了国家新媒体基地的标志性组成部分。国家新媒体产业基地于 2005 年由国家科技部正式批复成立，成为全国唯一的以新媒体产业为主的专业集聚区，之后又在 2009 年成为北京市首批认定的文化创意产业聚集区之一，2012 年被纳入中关村国家自主创新示范区。如今，基地内入驻企业 3000 余家，文创类企业占比达 80%，入驻的重点企业有总规模 1000 亿元的国家互联网基金、国家级搜索引擎“中国搜索”，有全国最大的服务众包平台“猪八戒网”等。文化创意产业核心驱动作用突显，正在朝着千亿级新型特色园区迈进。

蓝天保卫战的背后，老供热厂“腾笼换鸟”，锅炉房变身文创基地，没有选择直接拆除，而是保留改建、产业重组，避免了资源浪费。

“大兴药谷筑凤巢”又是一个“腾笼换鸟”的生动体现。大兴生物医药基地，地处京开高速公路与南六环路交会处西南侧，是逐步整合原黄村民营工业区、原北臧村镇工业区、原念坛开发区发展形成的。2006 年纳入中关村科技园区后，按照“有序疏解，先疏后解”原则，生物医药基地大胆尝试，腾退了浚达丰、广西北生、康特制衣等企业占地，引进企业 40 家，涵盖医疗器械、诊断医疗、大健康服务等创新产业。近年来，（中关村科技园）大兴生物医药基地还承接北京中心城六区迁建项目33个。截至目前，大兴生物医药基地已经聚集了包括世界500强费森尤斯卡比、协和制药、同仁堂等一批国内外龙头医药企业，入驻企业数量已达1500余家。

第七章　『疏整促』打造生态新国门格局

大兴国际机场是国家发展一个新的动力源。2019 年 9 月 25 日，习近平总书记亲临视察并宣布北京大兴国际机场正式投运。此刻，大兴的发展掀开了新的历史篇章。加快建设“新国门 · 新大兴”步伐，努力打造“新国门 · 新大兴”靓丽名片，成为凝聚大兴人民智慧力量的强大动力。

为了这一天，大兴区“疏解整治促提升”专项行动高强度、大力度、高水平地走过了艰苦的三年。三年的“决战”形成了世人瞩目的京南生态新国门格局。

2017 年，为深入贯彻落实习近平总书记对北京市重要讲话精神，推动京津冀协同发展战略和北京城市总体规划落地实施，北京市政府出台了《关于组织开展“疏解整治促提升”专项行动（2017—2020 年）的实施意见》，统筹开展非首都功能疏解、大城市病治理、发展质量提升等中心工作。

此后的四年，大兴区以保障和改善民生为导向，以“人口减量、环境提升、功能完善、群众满意”为标准，坚持区域联动，打出疏解“组合拳”，主动服务，下好对接“先手棋”，国企带头打响整治“攻坚战”，精准施策打造转型“新业态”，人民调解谱写共赢“和谐篇”等措施。至 2019 年底，全区累计拆除历史违法建设项目 1986 万平方米，“散乱污”企业保持动态清零，疏解一般制造业、无证无照经营和“开墙打洞”治理实现三年任务两年完成。合理利用腾退空间，“留白增绿”。2018 ~ 2019 年度均超额完成市级下达的指标任务，绿化 182.63 公顷（含旧宫镇试点），两年度土地复垦完成率分别占市级任务的 308%、114%，建筑垃圾资源化处置 3988 万吨，排名全市第一。大兴和谐宜居水平跨上新台阶。

四年来，经过全区上下的共同努力，专项行动成为推进首都减量提质、高质量发展的有力支撑，非首都功能疏解取得了阶段性成效，城市治理能力全面提升，城市面貌焕然一新，百姓获得感显著增强。调查显示，96.8% 的受访者对“疏整促”工作表示满意。

第一节 举全区之力打响疏解整治攻坚战

“疏整促”专项行动是为深入推进京津冀协同发展，着力疏解非首都功能而实施的一项重大发展战略。按照北京市委十一届十二次全会部署，2017~2020年期间，在全市范围内组织开展“疏解整治促提升”专项行动。专项行动是疏解非首都功能，优化首都发展布局，降低中心城区人口密度，推动京津冀协同发展的必然选择；是有效治理“大城市病”，提高城市治理能力和水平，创造良好人居环境的迫切需求；是优化提升首都核心功能，全面提升城市发展质量的重大举措。疏解促提升专项行动，就是通过疏解整治的减法，实现“腾笼换鸟”、功能提升的加法，实现资源更优配置。

专项行动以疏解非首都功能为导向，集中力量、攻坚克难，以重点带动一般，积极做好功能、产业、人口等的疏解和承接工作。通过疏解整治，实现空间腾退、留白增绿、改善环境、消除隐患、补齐短板、提升功能，打造和谐宜居示范区。“整治”走的是脏乱的环境、拥堵的交通、臃肿的产业，“提升”来的是清朗有序的绿色低碳、宜居宜业。疏解整治为未来的绿色低碳腾出充足的发展空间，让大兴区中心城区重获新生，让河畅水清、岸绿景美、人水和谐。

一、面对一份沉甸甸的“问卷”

“疏整促”专项行动开始时，大兴区已经提前谋划，集思广益，迅速确立了开展拆违控违、“开墙打洞”整治和城乡接合部改造等14项整治行动任务。成立全市首家“接诉即办”调度指挥中心，“街乡吹哨、部门报到”渐成制度化，至2019年，办理群众诉求响应率100%、解决率67.8%、满意率81.5%，“接诉即办”工作综合排名全市第一。

面对市委市政府交给的一份沉甸甸的“问卷”，大兴区高起点、高站位，未雨绸缪，统筹谋划，使“疏整促”专项行动无论从速度、效率，还是体量、数量均走在全市前列，并遥居魁首。

（一）区级统筹上，更加细化政策目标

全区上下把“疏解整治促提升”作为全区工作的重中之重。大兴区成立了“疏解整治促提升”专项行动工作领导小组，建立区领导包镇（街）工作机制，由分管区领导牵头，深入重点区域、重点企业，做好协调与指导。出台相关政策文件，制定《大兴区组织开展“疏解整治促提升”专项行动（2017—2020年）的实施意见》《“疏解整治促提升”专项行动2017年工作方案》和《关于进一步推进“疏解整治促提升”专项行动的实施方案》等指导性文件，各镇街相应出台“疏解整治促提升”专项行动细化分解工作意见和方案，形成较为完善的政策体系。

（二）工作机制上，更加注重统筹推动

建立健全会商调度机制，将“疏整促”专项行动纳入区政府“五项重点基础工作联席会”议题，各镇街也建立“疏整促”专项行动联席会议制度，相关职能部门作为联席会议成员，与镇街共同商议，全力推进，形成区镇（街）上下联动的工作格局；建立健全落图制管理机制，制定14个专项行动方案，按照量化、细化、具体化、项目化的要求，明确工作任务量、工作区域等内容，加强与市级主管部门对接，实现能落图、可实施；建立健全动态台账，20个镇街及村、社区通过行业筛查与网格核查相结合的方式，建立“疏整促”台账，及时对存量台账进行核实完善，推动台账落实落细；建立健全长效治理机制，与京津冀协同发展、生态环境整治、社会治理等工作相结合，通过建立“占道联席办”等方式，按照工作分类，同步落实行业治理和集中治理，对治理单位采取“一告知、二限期、三整治、四联合”的治理方式，最大限度地减少综合执法压力。

另外，强化党建引领、强化政策统筹、强化重点突破、强化民生导向、强化社会动员。以“四个强化”实现效果集成，专项行动力度大、进展快、效果好，啃下了一批硬骨头，增强了群众获得感，形成了良好态势、强大声势。通过大力度的疏解腾退，逐步消灭了“脏乱差”问题和有安全隐患的生存土壤，为全区转型发展留出了空间，为实现“减量发展”打下了基础。

（三）氛围营造上，更加注重“软环境”合力

全区上下坚持聚焦重点领域集中疏解，聚焦重点地区连片疏解，聚焦重点项目精准疏解，聚焦综合整治联动疏解。专项行动开始之后，区委区政府反复强调各镇街要相互取经、互相借鉴、取长补短，形成“比学赶帮超”的良好工作氛围，以拼搏为美，向行动致敬，坚决打好“疏解整治促提升”战役。

工作进行时体现出六个方面的“结合”：注重疏解与整治相结合，按时完成工作目标；注重减量发展与促提升相结合，着力增强群众获得感；注重目标引导与规划引领相结合，持续推动疏解提升向纵深发展；注重传统方法与科学手段相结合，大力夯实基层基础工作；注重“退低”与“引强”相结合，构建“高精尖”发展空间；注重加快疏解和强化管理相结合，以确保安全责任落实。

（四）监督考核上，更加强化责任担当

运用多种监管方式，开展差异化、常态化监管，定期督查各牵头部门工作任务落实情况。对已清理整治的“散乱污”企业，定期进行点位回访，杜绝反弹。对占道经营行为，按照边巡查、边发现、边治理、边震慑的原则，进行“一片区、一辆车、一组人”动态监督管理。构建考核及责任追究制度，将一般制造业调整退出、“散乱污”企业清理整治、专业性批发市场疏解等工作纳入区政府绩效考核范围，建立责任追究机制，并针对各项工作任务进行跟进督查，严格考核，严肃问责。建立第三方测评校核制度，参照市级组织方式和技术手段，引进第三方测评机构，定期组织专项任务核验和测评，对发现的问题及时上报，区政府责令相关单位限期整改。

提标加压、精耕细作，树立了打赢“疏解整治促提升”专项行动攻坚战、持久战的决心。全区各镇街把握工作节奏，加强难点问题突破，加快重点项目推进，确保完成既定任务；突出规划引领，加强统筹谋划，严守规划红线，加快“腾笼换鸟”，推动专项行动向纵深发展；补齐民生短板，大尺度拓展绿色空间，进一步优化基础设施和公共服务布局，着力改善人居环境，不断提升群众获得感；在各司其职、各负其责的基础上加强统筹协调，凝聚工作合力；深化作风建设，抓好“两贯彻一落实”，强化担当作为，深化正风肃纪，为专项行动顺利推进提供坚强的纪律保障和政治保障。

二、精准高效：原则和尺度的把握

“疏整促”之举是落实首都城市战略定位、建设国际一流和谐宜居之区的关键措施。为立足新发展阶段、贯彻新发展理念、构建新发展格局、深入落实京津冀协同发展战略，大兴区委区政府研究制定了深化推进“疏解整治促提升”专项行动的实施意见，强化以发展为统领，坚持任务集成、集束发力，坚持聚焦难题、政策创新，坚持量化细化、突出实效。

专项任务在政策和策略把握上突出了四个特点：

（一）突出提升导向，强化以提促疏、以提促治

疏解整治是手段，提升是目标，专项行动强化了提升首都功能、提升人居环境、提升城市品质、提升群众获得感的目标导向。在疏解阶段，强调推动精准疏解、高效升级，推进一般性产业疏解提质，利用腾退空间和土地补齐关键产业链条，提升制造业发展质量；巩固区域性市场和物流中心疏解治理成效，推动集中疏解区域转型发展；落实物流专项规划，规划建设物流基地、冷链仓储设施，基本形成安全稳定、便捷高效的城市物流、仓储、配送体系。在治理阶段，强化全过程治理理念，推动拆违向治违转变，开展基本无违法建设区创建，保持新增违法建设零增长；建立拆违土地利用台账，加快推动腾退土地的利用，及时复绿复垦、补齐公共服务、

加快基础设施建设等；加强棚户区改造在途项目收尾和居民回迁安置，改善市民居住条件。

（二）突出民生优先，着力增强市民获得感

专项任务安排，把主动治理与接诉即办相结合，聚焦百姓身边事儿，努力提升“七有五性”保障水平，把群众满意作为检验工作的唯一标尺。具体如下：

解决“有没有”的问题。在实现基本便民商业服务功能城市社区全覆盖的基础上，针对老年人吃饭不便的问题，采取多种形式发展老年餐桌；在“留白增绿”扩大绿色生态空间的同时，针对体育健身场所不足的问题，适量配建体育健身设施，满足群众健身需求；营造宜游空间，推进棋盘路网林荫化改造，增加绿荫覆盖；打造永定河全新滨水空间，通过增设梯道和台阶等措施，连通滨河步道，增补市民休憩空间。

解决“用没用”的问题。提升宜居水平，针对商品住宅小区配建的医疗、教育、社区服务管理等设施应建未建、应交未交、交而不用的问题，系统开展专项整治，确保依规依标配建、移交和投运等。

解决“好不好”的问题。推动优质公共服务资源在市域内均衡布局，一批中小学新校区建成投用，为区域发展注入新的活力；一批综合医疗设施建成投用，提升卫生健康服务质量。

（三）突出难题破解，提升城市治理能力

一方面继续巩固街面秩序，坚持“防反弹控新生”，推动占道经营、无证无照经营、“开墙打洞”、地下空间违规住人、群租房治理等问题纳入长效化、常态化管理，做好接诉即办；另一方面，聚焦历史遗留和发展薄弱问题，系统推进、重点攻坚。专项行动新纳入了重点项目征拆收尾、桥下空间治理、施工围挡和临时建筑治理等方面的工作，就是要表里兼顾，将城市治理不断推向深入，以改革思维破解深层次矛盾，持续推动治理类街乡镇、职住功能偏差大区域的系统治理提升工作，紧盯群众反映的物业管理、老旧小区改造、村居治理等突出问题，加大政策创新，软硬并重，增强基层治理能力。

（四）突出分区施策，建设功能优化的高品质城市

立足区域功能定位，全面整体推进与分区施策并重，完善城市功能，提升城市品质；细化制定疏解任务清单，推进传统商圈、商场转型升级，加强建筑规模管控，加强城市修补、强化品质提升，改善生态涵养区人居环境水平；加强重点区域品质提升，围绕重大活动保障开展综合治理，提升交通主干路、重点廊道环境质量，加强跨区、跨镇交界地区治理，全面提升城市功能品质。

第二节 大兴中心城区黄村镇的“疏解”步骤

借助“百万亩”造林工程、农村集体经营性建设用地试点和美丽乡村建设等政策带来的契机，黄村镇在生态环境治理上迈出坚实步伐。

直到2017年初，黄村镇村级工业大院仍然有34家，聚集“散乱污”企业达2891家。其时，大兴区最大的物流园区、农贸市场、二手家具市场、建材市场、汽车配件市场、废品回收市场和钢材市场都在黄村镇。村村冒烟、户户点火的“瓦片经济”模式成为村民收入的主要来源，低端业态的无序扩张，村庄人口的严重倒挂，为社会秩序的管理、环境卫生的治理和安全隐患的排查都带来了巨大的压力。“买得起好酒，喝不上好水。开得起好车，走不上好路……”“路上远了看不清人、检查进屋迈不开腿、下班回家睡不着觉……”老百姓的顺口溜让人窝心，让人揪心。

黄村镇依托农村集体经营性建设用地入市试点工作，在综合考虑土地入市的产业发展方向和结构布局后，三年来分别完成了狼垡地区、新城西片区和黄村镇东片区三大区域的农村集体经营性建设用地腾退工作，关停

村级工业大院 34 家，疏解企业 3194 家，腾退土地 36222 亩；充分发挥信息化精细管理指挥中心的全覆盖监督作用，坚持“动土必查、发现必拆”的快速处置机制，结合各执法部门联动巡查，确保在控制违建零增长的常态管控下逐步处置历史遗留问题，三年来共拆除违法违规建筑面积 1475.76 万平方米，腾退土地 1524.38 公顷。

大兴区通过拆迁，拆出了一个响当当的“黄村速度”。为保障北京新机场高速建设工程顺利实施，8 天时间完成邢各庄村 800 户村民的拆迁安置工作。积极争取市区各部门政策支持，集中力量解决了搁置十年的老问题，利用 13 天完成埝坛村 550 户村民的拆迁安置工作。两次拆迁不仅速度快，还是零投诉、零上访、零安全事故，这也成为村庄拆迁工作的样板工程。

为实现“腾笼换鸟、筑巢引凤”，黄村镇在腾退土地及周边进行大面积绿化，提升生态环境。完成平原造林 12432.48 亩、占补平衡绿地 337.53 亩、临时绿化 8527.79 亩、播草种花 2000 余亩，全镇绿化率达到 30% 以上。提升环境的同时积极对接高端产业项目，引进航天九院十三所、天科合达、中铁投等国内知名的大型企业。一般生产制造业经过转型，高端业态不断云集，黄村镇的美好蓝图正在徐徐拉开。

在整个专项行动过程中，黄村镇始终聚焦“三个着力”，推进“疏整促”。

一是着力于深化疏解。紧紧围绕区域功能定位，不断深化疏解非首都功能，疏解退出一般制造业企业，疏解提升商品交易市场和物流中心，清理整治出租大院（公寓）等。二是着力于强化治理。持续深化违法建设治理，完成拆除、腾退土地不折不扣。结合街区治理和城市更新，完成背街小巷整治提升、“开墙打洞”整治、无证无照经营整治、人防工程环境恢复、普通地下室整治、占道经营整治。加强城乡接合部整治改造，完成重点村综合整治。三是着力于优化提升。积极推进“大尺度绿化”，新增改造绿化面积，加快建设大中小微型公园，完成重点道路绿化提升。加大便民服务设施建设力度，建设提升便民商业网点，新增居住区停车位，新建、改扩建幼儿园、中学，建设全民健身专项活动场地，实施棚户区改造，完成老旧小区加装电梯。

通过整治，“疏”出了大美环境，“解”出了最大民心。以五环内最大城中村狼垡地区推进综合治理试点为例可以看出，黄村镇狼垡村级工业大院向生态工业园转身，是疏解整治的生态经济效益观的生动实践。

“疏整促”行动开始时，黄村镇立即落实“街乡吹哨、部门报道”机制，成立全市首个实体化综合执法中心，做到职能综合、机构整合、力量融合，使联合执法向精细、综合执法转变，辖区内治安、火情、火灾案件逐年减少；加强污染源头的治理力度，完成清洁能源的代替，加大燃煤锅炉改造力度，全镇实现“无煤化”；坚持清河道、治水体，全面改善水环境，完成13条河段黑臭水体治理，完成对273个河道排污口的封堵，全面启动农村治污工程；加强村庄内部的整治力度，区驻村、镇包村干部全部下沉一线，党员带头，形成强大合力，各村书记主动扛起第一责任，抓班子、带队伍，带领村两委班子成员、党员、村民代表自查自清，29个村共拆除侵街占道和私搭乱建3685处，三层及以上村民自建出租房屋全部清空，关停违规出租房屋，关停和规范无证无照经营门店，市区挂账无证无照经营业态清零。

“环境就是民生。要着力推动生态环境保护，像保护眼睛一样保护生态环境，像对待生命一样对待生态环境。”

黄村镇以疏解整治为抓手，把留白增绿、修复生态和治理作为工作重点，增强了群众的满意感和获得感。历时四年，黄村镇狼垡地区由北京最大的物流园区聚集地转变为京南最大的城市森林公园。这标志着黄村镇工业大院永远退出了历史舞台，正在向生态城市迈出历史性的步伐。

第三节 西红门、旧宫、黄村镇三个样点的“提升”之策

大兴区“疏整促”行动之后的西红门镇的鸿坤金融谷、旧宫镇的五福

堂公园和黄村镇的黄村桥农贸市场三个样点，当时处于大兴区“疏整促”地区的重点范围，其变化发展过程，可以清晰地透析大兴区整体“疏解整治促提升”专项行动历程。

一、西红门镇鸿坤金融谷的景观生态与产业生态

“鸿坤金融谷”是西红门镇3号地B地块和D地块的高端项目，经过四年的培育，已发展为集景观生态与产业生态相结合的“双生态”智能商务园区，成为国家级众创空间、中关村—大兴现代服务业产业园区、北京四板企业孵化培育基地，作为全国集体土地入市的试点。

鸿坤金融谷是在西红寿保庄工业大院拆除腾退后转型的高端园区，总建筑面积33.9万平方米，招商定位于文化传媒类、信息技术类、环保科技类和医药健康类企业。目前园区拥有上市公司、国高新17家、行业龙头20余家，企业入驻率达到98%。入园企业的科技研发成果均在国内同行业中处于领先地位。2020年初，鸿坤金融谷已聚集包括长江文化、佳视王芳等文化创意类龙头企业，以北京股权交易中心为引领的金融服务类企业和具备国高新资质的生物医药研发、科技研发、文化创意及互联网+企业等入园企业。据不完全统计，2019年园区产值规模达50亿元。

在西红门镇3号地，与“鸿坤金融谷”共同形成的产业集群还有A地块的“星光影视园北区”项目和C地块的鲁能集体租赁住房项目。星光影视园是著名的国家级新媒体产业基地，鲁能领寓集体租赁住房项目主要面向城市白领、高级“蓝领”、应届毕业生和双创人群等青年从业者。

由ABCD四地块组成的西红门3号地，形成鸿坤产业集群。这些高端企业群体所在的西红门镇，70%的土地在北京南五环内，是最典型的城乡接合部地区。由于得天独厚的区位优势，曾经使混杂连片的村级工业大院应运而生，形成流动人口多、低端产业多、安全隐患多以及基础设施差、环境卫生差、社会治安差“三多三差”的可持续发展瓶颈。全镇27个工业大院中，中低小企业约占企业总数的95%。

鸿坤金融谷的崛起表现出大兴区打出疏解“组合拳”、打造转型“新业态”的信心与决心。至2019年底，全区累计拆除历史违法建设1986万平方米，“散乱污”企业保持动态清零，疏解一般制造业、无证无照经营和“开墙打洞”治理，实现三年任务两年完成。建筑垃圾资源化处置3988万吨，大兴和谐宜居水平跨上新台阶。

二、旧宫镇五福堂公园的生态再造

五福堂公园建设的标准为一绿城市公园，位于旧宫镇南小街地区，北京南中轴线穿过该公园。该项目占地约320亩，公园总投资约5185万元。作为过去的村级工业大院，人口密集，环境脏乱，隐患突出。疏整促专项行动以来，拆除腾退约180公顷，疏解企业（商户）约1200家，疏解人口2万余人。2020年新一轮百万亩造林工程中，该公园已完成主体栽植工程，累计栽植乔木约8000株，灌木约5000株，花卉地被约15万平方米。灌溉、排水等设施已完成施工，正在进行园路、亭廊施工及设备设施安装。开放后的公园将满足周边3万名居民的游憩、休闲、健身和文化需求。

“提升”在加速度。五福堂公园与南海子公园一起，为南五环戴上了漂亮的绿色项链，形成了公园环绕南中轴及主干交通线的特色景观。2020年4月，春阳和暖，五福堂公园被选为首都义务植树活动场地，党和国家领导人同首都各界人士一起在此参加了植树活动。

建设生态大美是大兴区疏整之后提升工作的重要任务。大兴区已先后建成各类注册公园40余个，总面积3.5万余亩，创建国家森林城市所涉及的36个指标类项目已全部达到迎检标准，全区林木绿化率为32.83%，公园绿地500米服务半径覆盖率为92.7%。

三、黄村桥农贸市场转生出来的幸福指数

城乡接合部是北京在城市化进程中各类工业大院、物流大院、小散乱

市场的聚集之地，黄村桥农贸市场便是其中的一个缩影。该市场是大兴区最大的综合性批发市场，占地 110 余亩，经营 20 个大类、1000 多个品种。统计数据显示，市场内 560 余家商户每天拉动的人流量均保持在 10 万人左右，而且 80% 的货物都来自新发地。2020 年，大兴区仅用了一个月时间就完成全部商户的腾退。新发地批发市场突然出现的新冠肺炎疫情让腾退了的黄村桥市场暂缓，未来这个地块，将由嘈杂、脏乱的人流物流地向精品公园、家门口的绿色休闲空间转型。人口减量、生态改善增强了群众的满意感和获得感。

黄村桥农贸市场所在的黄村镇，过去低端业态可谓规模连片，集中了大兴区最大的物流园区、二手家具市场、建材市场、废品回收市场等，仅物流大院就有 60 多家。低端业态的无序扩张、村庄人口的严重倒挂，为社会管理、环卫治理和安全隐患消除带来了巨大的压力。“疏整促”行动以来，黄村镇主动借势，解决了一批沉疴痼疾，在人居环境、产业结构、社会治理能力等方面取得了巨大成效。累计疏解市场 38 家，疏解物流中心 126 个，治理“散乱污”企业 1507 家。分别完成了狼垡地区、新城西片区和黄村镇东片区三大区域的农村集体经营性建设用地腾退。

黄村桥农贸市场的变迁，深度彰显了大兴区民生意识的高度。“疏整促”专项行动开始的 2017 年，大兴区就整治无证无照经营 9027 户，整治占道经营 21489 件，治理“散乱污”企业、占道经营整治达到“动态清零”标准，无证无照经营整治、“开墙打洞”整治、一般制造业疏解等指标完成也遥居全市前列。“街乡吹哨、部门报到”渐成制度化，2019 年办理群众诉求 11.2 万件，响应率 100%、满意率 81.5%，“接诉即办”工作综合排名全市第一。

三个镇的“疏整促”之路，为大兴区贯彻落实首都功能定位、打造北京南部京津冀发展新高地，培育大兴国际机场“国家发展动力源”创造了成功的经验。聚力攻坚，坚持内部功能重组与向外疏解转移双向发力，专项行动创新探索了从集聚资源求增长到疏解功能谋发展的新路径。同时也优化了未来大兴“瘦身减量”高质量发展的新启示：

（一）必须始终抓住疏解非首都功能这个“牛鼻子”不放松

严控增量、疏解存量。疏解退出一般制造业企业、治理散乱污企业，疏解提升区域性市场和物流中心，一般制造业企业、区域性市场集中疏解退出任务完成，促进了产业结构的进一步优化。加快推进教育医疗等公共服务资源疏解和布局优化，有效辐射、带动城南地区医疗服务能力提升。

（二）必须强化城市运行秩序和环境面貌改善

坚持问题导向，集中治理痼疾顽症，把城市治理任务并联推进，向违法违规行为宣战，综合整治“开墙打洞”、占道经营、群租房、无证无照经营、直管公房转租转借等行为，治理问题点位，大部分任务进入“发现一处、治理一处”的动态清零治理阶段。完成街巷环境整治，全区范围内新一轮背街小巷环境精细化整治提升全面启动实施，推动街巷整治向街区更新转变。

（三）必须盯住城市人居环境品质显著提升

利用拆违腾退土地，实施“留白增绿”，建成投用口袋公园、微型绿地，狼垡公园等大尺度绿地成为城市新地标；建设提升基本便民网点，完成棚户区改造，以需定项实施中心城区老旧小区综合改造；实施大街周边慢行空间改造提升等公共空间改造提升试点；注重区域治理成片连线，推动专项任务区域集成，重点区域整体治理效果突出。2017 年以来，围绕西红门、黄村等地区开展重点区域综合治理提升，狼垡、旧宫等一批网红打卡地亮相，提升了城市品质和活力。

（四）必须营造日益浓厚的社会“共建、共治、共享”氛围

坚持问需问计问效于民，聚焦百姓身边问题解决，将市民举报和媒体曝光点位纳入治理任务台账，将百姓“需求清单”和“问题清单”转化为“任务清单”，切实办好群众家门口的事；充分利用疏解腾退空间建设增补便民设施，为市民提供更多的公共活动场所，提升生活便利性；不断扩大社会参与，共建共治的平台载体日益丰富，街区体验馆、胡同博物馆、居民议事厅等不断涌现，创建了市民与公共政策对话的节目，涌现了“大兴好人”“小巷管家”“老街坊劝导队”等一批群众治理品牌，拓宽了市民的交流交往空间，推动了公共政策和公共话题的讨论，增进了政民互动互信，广大市民的主人翁意识和家园意识得到了显著性增强。

专项行动是推进新国门减量提质发展的重要抓手，是持续改善人居环境、带领人民创造美好生活的生动实践。一方面需要各级各部门强化担当作为，眼睛向下、脚步为亲，不断提升治理能力和水平；另一方面需要社会各方面特别是广大市民的理解、支持和参与。让我们携起手来，共同努力，把新国门、新大兴建设得更美更好。

第四节 村庄安全治理专项行动

从 2018 年 5 月底，大兴区就开始发力村庄安全治理专项行动。

城乡接合部出租房屋安全隐患是大兴区面临的突出问题。大兴城乡接合部地区 65 个人口倒挂村，村民自建房就达 18000 个院落、30 多万间，其中三层以上 1326 个院落、10519 间，聚集流动人口近 20 万人，部分村人口倒挂 10 余倍。一些村建有大片“握手楼”，有“三合一”“多合一”、加工生产或仓储、无证无照经营等万余家，村内长期无序生产经营，普遍存在侵街占道严重、消防通道不畅、房前屋后堆物堆料、机动车停放杂乱无章、基础设施不完善、环境卫生脏乱差，屋内电线老旧、偷使劣质煤气罐、窗户封堵、没有消防设备和生命通道、电动车室内充电等现象。大兴突出问题导向，围绕城乡接合部地区“治理什么”和“怎么治理”的重大课题展开行动。

2018 年在全市率先制定出台《深化村庄安全治理工作意见》《村庄安全治理工作奖惩指导意见》等，提出拆违控违、出租房屋管理等“九大任务”，确定村庄安全巡查队建设、自建房屋消防安全等“十项标准”，明确

"消除隐患、清脏治乱，建设美丽乡村"的治理目标。2019年进一步制定出台《深化城乡接合部地区安全隐患问题综合整治工作实施方案》，明确"九个深化"措施，并对典型村反复"解剖麻雀"，提出"三清一控"的年度目标，以65个人口倒挂村为重点，针对全区373个村全面开展村庄安全治理工作。

村庄治理新模式实施落图制管理，对65个村的院落全部绘制房屋平面图，明确房间用途，实现"一户一图"，并将村庄平面图、院落情况图上墙，实施动态更新。严格资源管控，根据村庄资源承载能力，严格实施水电气限额供应，做到"村不增容、户不增表"，并在7个村试点阶梯水价，逐步在全区推广。实施物业化管理，在26个重点村先行试点，引进专业化物业公司对村庄大门、充电站、停车场、出租房屋、环境卫生等进行运营管理，有力推动地区安全隐患的消除和环境面貌的改善。盘活拆除腾退空间，在拆腾地块建设停车场和电动自行车充电站，有效解决村内机动车乱停乱放的难题。

真正把党的政治优势、组织优势转化为城市治理优势，依此推进共建、共治、共享。"一个委员一条街"，包宣传、包进度、包工作落实，坚持"执法不避亲疏，拆违干部带头"，以党员"带头拆"引导群众"主动拆"，形成"村带村、户带户、干部带党员、党员带群众"的良好氛围。

第五节 新国门"疏整促"生态治理评估

生态治理是生态文明建设的重要组成部分，对其做出客观的、恰如其分的评价离不开六个方面的维度。一是要把产业转型升级做好，大力发展

低碳经济的产业、节能减排的产业、资源循环利用和重复利用的产业，使产业能够为生态文明做出更高的贡献。二是要大力做好节能减排工作和环境整治工作以及建设工作。三是做好生产垃圾、生活垃圾和建筑垃圾的处理。四是大力开展绿化行动，把各种绿化带和生态林带充分地建设好、保护好，多花一些力量，使整个环境不断改善。五是认识到现时代主攻的方向就是空气方面的治理。六是提倡全社会参与生态文明的建设，包括生态的消费方式、生态的文化、生态的理念，按照科学发展的要求，改善人民群众生活品质的要求。

通过北京市第一阶段“疏解整治促提升”专项行动，大兴区主要在四个方面得到了显著提升，有效地扮靓了新国门，提振了“新国门印象”。

一、非首都功能存量得到有效减少

部分非首都功能部门被关停或向外转移，交通拥堵及外来人口膨胀现象得到有效缓解。具体表现为：一是一般性制造业疏解。疏解一般制造业企业、治理“散乱污企业”、就地关停一些高能耗产业和高污染企业。对缺乏比较优势的生产加工环节和不符合首都城市战略定位的企业从根本上实施整体转移。二是区域性物流基地和区域性专业市场疏解。疏解提升市场和物流中心，提升便民网点。三是提高产业准入门槛。从源头上对非首都功能部门增量进行严格禁限，有效巩固了疏解成果。

二、城市环境和秩序快速提升

三年来，大兴区拆除违法建设，腾退土地，整治“开墙打洞”，依法整治地下空间和群租房，毫不动摇地继续加大违法占道经营、无证无照经营和违规“商改住”行为的清理整治力度。对于不符合规划、确需撤除的农贸市场，提前谋划补充或采取替代措施，确保便民商业设施数量只增不减，实现了城市公共物品和公共服务的有序供给，实现了市场和政府两大主体的作用互补。

三、生态宜居实现大跨步发展

“口袋公园”见缝插绿，“绿色走廊”穿越城镇，推窗“建绿”增强了宜居“绿肺”功能。大兴区围绕机场等重点区域，实施大尺度绿化，实现“穿过森林去机场”。三个调查选点所在的黄村、西红门、旧宫镇城市森林公园主体绿化工程完成，曾经脏乱差的背街小巷通过环境整治，“长”出了公园绿地和城市森林；功能疏解腾退出的大片空间通过“留白增绿”，连成大尺度公园绿地，为大兴城镇打开万亩“林窗”。

四、百姓生活品质有了质的飞跃

2018 年以来，建设提升基本便民商业网点，“一刻钟社区服务圈”社区覆盖率达到市级要求标准。棚户区改造、老旧小区管理机制不断健全完善，重点区域治理带动生活品质提升。城乡街区背面环境整治得以提升，城乡接合部市级挂账重点村、地区的综合治理得以彻底改变，群众多样化需求得到更好的满足。

鲜活数字的背后，是三个样点所在镇（街）高点定位、科学决策的结果。五条共识基本上是相通的。第一，非首都功能疏解是一个长期的过程，必须长远规划，做好常抓不懈的准备。第二，非首都功能疏解是一个综合工程，需要全盘考量、整体推进。第三，非首都功能疏解涉及地方、央企、民企、本地居民等多元主体利益，决策要谨慎，不因解决一个问题而带来以后更多的问题。第四，非首都功能疏解要注重空间优化，对于不符合首都功能定位的功能，要严格防止从源头新增；对于现有的存量，有些需要直接调整退出，有些需要推动转型升级，需分类、分步骤调整。第五，非首都功能疏解不能单纯依靠行政措施，需综合施策。

第八章　新国门的生态文明瞭望

党的十九届四中全会提出，要实行最严格的生态环境保护制度、全面建立资源高效利用制度、健全生态保护和修复制度、严明生态环境保护责任制度，会议精神为大兴坚持和完善生态文明制度体系指明了方向。

党的十九届四中全会对坚持和完善生态文明制度体系作了系统安排，充分体现了党中央对生态文明建设的高度重视和战略谋划。党的十八大以来，全国加快推进生态文明顶层设计和制度体系建设，相继出台《关于加快推进生态文明建设的意见》《生态文明体制改革总体方案》等40多项涉及生态文明建设的改革方案，还修订了《环境保护法》等生态环保领域法律法规，这些制度、法规设计涵盖了生态文明的多个方面，具有很强的系统性、整体性、协同性和操作性，大兴生态环境保护工作同样发生了历史性、转折性、全局性变化。

举网提纲，振裘持领，纲领既理，毛目自张。随着大兴国际机场的“动力源”拉动，大兴区必将在执行生态文明制度体系上持续用力、久久为功，推进生态环境治理体系和治理能力现代化，也将为建设美丽大兴描绘壮美的蓝图。

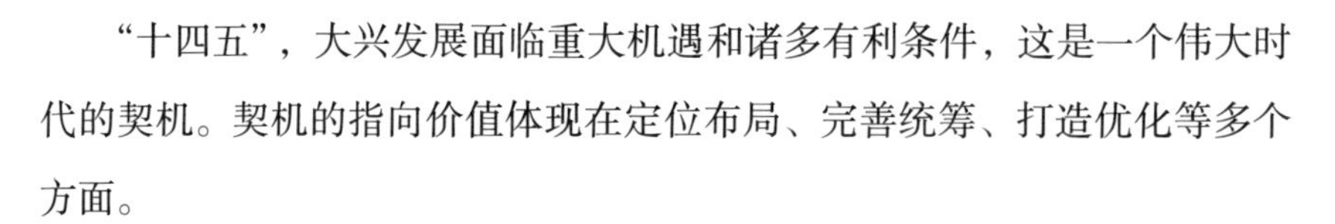

第一节 布局京津冀协同发展的一盘大棋

“十四五”，大兴发展面临重大机遇和诸多有利条件，这是一个伟大时代的契机。契机的指向价值体现在定位布局、完善统筹、打造优化等多个方面。

——定位布局“面向京津冀的协同发展示范区”，承接北京中心城区功能疏解，构建网络化区域交通格局，与北京城市副中心、河北雄安新区及津冀地区在产业、生态、基础设施、公共服务协作共享。

——完善北京大兴国际机场临空经济区（北京部分）建设，服务国家对外开放、优化国际交往服务环境、国家文化展示和国际交往功能布局。

——统筹城乡融合发展，围绕新城、新市镇、小城镇建设，实施乡村振兴战略，增强基础设施承载能力，改善生态环境。

——打造“首都南部发展新高地”，建立“高精尖”产业体系、优化产业空间布局、推进经济高质量发展。

——定位“科技创新引领区”，聚焦产业领域，促进经济发展由要素驱动向创新驱动转换。

——优化提升城乡品质和发展质量，围绕常住人口规模、建设用地规模、能源和水资源减量发展等方面统筹“减量”与“发展”的关系。

就在这样一个宏大的发展背景下，大兴区所面临的是诸多机遇，同时也是一系列挑战。从国际形势来看，世界经济在曲折复苏中反复盘整，全球化和生态环境发展战略遇到前所未有的冲击。从国内形势来看，在GDP突破百万亿元人民币之后，实现平稳运行并统筹好转型发展和均衡发展的难度加大。从全市发展来看，建设国家服务业扩大开放综合示范区和设立以科技创新、服务业开放、数字经济为主要特征的自由贸易试验区等两区设立，这是北京改革开放进程中的一件大事，也是重大战略机遇。打造城市副中心和大兴机场的“两大增长极”，将会改变北京未来的城市格局。“两区”建设，对大兴区提出了更高的要求。

作为两大增长极之一的大兴区将会以什么样的新格局应对“两区”建设的挑战呢？对此，大兴区提出“四个一批”的量化目标——从2021年起的2～3年内，加快集聚一批高端市场主体、加速实施一批重大功能项目、重点培育一批新兴发展业态、大幅提升一批重点经贸指标。

（一）集聚高端市场主体方面

计划新增注册外商独资和中外合资合作企业100家左右，其中在自贸试验区落户的企业占比达到20%左右。对接引进外资金融机构1～2家，经营性外资文化主体3～5家，外资和中外合资研发机构2～3家，落地

北京大兴国际机场

2 ~ 3 家国际学校、1 ~ 2 家国际性医疗机构。

（二）实施重大功能项目方面

大兴区全力保障 28 个自贸试验区项目建设，集中推动 21 个具有重大影响力的项目落地，重点打造 5 ~ 8 个通用型平台和 10 ~ 15 个具有集聚带动效应的空间载体，力争总投资额达到 1000 亿元以上，其中外商投资额占比达到 60% 以上。

（三）培育新兴发展业态方面

服务业增加值年均增速保持在 8% 以上，到 2021 年占 GDP 比重超过 72%，到 2023 年达到 75% 左右，金融、科技、信息、商务、文化等现代服务业占 GDP 比重超过 40%。数字贸易、医药健康、航空服务等新兴产业竞争力提升。数字经济规模迅速扩大，位居全市前列。

（四）提升重点经贸指标方面

实际利用外资年均增速保持在 30% 左右，到 2020 年底达到 1.27 亿美元左右，预计 2021 年底达到 1.5 亿美元左右，2022 年底达到 2 亿美元左右，2023 年底将达到 3 亿美元左右。到 2023 年底，全区进出口贸易总额将力争突破 30 亿美元，自贸试验区占比达到 5% 以上。

第二节 新机场辐射下的“绿色港湾”

凤凰展翅，带来了新国门视野下的生态建设新布局。

在永定河北臧村段，3800 亩平原造林形成的永定河绿色港湾每年春季能够吸引 40 万北京市民前来游玩。而在此之前，这片区域是永定河冲积平原的沙地，当地人说起几年前的生态环境，最形象的描述就是“一刮风就是满脸满嘴的沙子”。2016 年大兴将林地里原来的石渣作业道改造成一条 10 公里的闭环式骑行道，成为京南乃至北京都少见的闭环式骑行道，吸引了北京自行车联赛、首都高校马拉松比赛以及各类徒步活动相继落户开展。城市森林，是一种城市生态系统，土地来源为拆迁腾退用地，人工设施相对较少，在带来生态效益的同时，也可为周边居民提供接触自然，休闲运动的优美环境。永定河绿色港湾只是大兴完善互联互通绿色生态廊道体系的一个缩影，随着新机场的通航，大兴区在大尺度打造绿色生态空间的同时，大力实施了平原造林、各类公园、美丽乡村等一大批重点生态建设工程。从 2012 年到 2020 年，大兴区实现增绿 34 万亩。

北京大兴国际机场是首都连接世界的新国门，随着北京大兴国际机场投入运营，大兴这个名字也越来越频繁地展现在世界的面前。自 2014 年国家发改委批准北京建设新机场项目到 2019 年实现通航，短短 5 年的时间，大兴区完成了从农业大区到北京市改革发展、京津冀协同发展的前沿，再到首都国际交往新门户的跨越，穿过森林去机场，大兴已经更换了一副绿色画布，迎接世界的目光。

这幅绿色画布包括新机场高速、京开高速、京台高速、南五环路、南六环路五大绿色廊道建设，黄村西片区、庞各庄、魏善庄、狼垡城市森林公园、西红门城市生态休闲公园、旧宫镇城市森林公园等城市森林建设，以及大兴机场周边、永兴河绿色通道及平原重点区域的平原造林。通过填空造林，加宽加厚、填平补齐等多种形式，不断提高全区绿色资源总量。伴随着大兴国际机场通航，沿着新机场高速、京开高速、京台高速一路向南，一条条集中连片、成带连网的大尺度绿色空间在京南大地上铺陈开来，绿色港湾新国门张开双臂迎接世界。

第三节
定位与方向

北京城市总体规划赋予大兴区“面向京津冀的协同发展示范区”“科技创新引领区”“城乡发展深化改革先行区”“首都国际交往新门户”等功能定位。大兴区生态文化建设也有了鲜明的定位，人与自然和谐相处的生态文明理念已经融入大兴区未来发展的规划和实施中。

随着北京城市副中心和雄安新区两个千年大计的实施，大兴区“坐拥新机场、毗邻副中心、辐射京津冀、联通雄安新区”，区位优势凸显，发展活力迸发。根据规划，大兴机场临空经济区共150平方公里，其中河北部分约100平方公里，北京部分约50平方公里。大兴在打造临空经济区时，有意引入更多的国际高水平商业入驻，这对临空经济发展、现代服务体系构建等，都将起到促进作用。

2019年，迪拜伊玛尔集团与北京新航城控股有限公司签署战略合作协议，将在大兴机场临空经济区投建商贸旅游综合体大项目，这里将集购物、娱乐、办公、酒店、会议、体育运动、艺术馆等功能为一体，直接为机场旅客提供具备国际水准的购物服务，并辐射带动京津冀消费升级。据了解，目前临空经济区已与超过30家企业签订战略合作协议，辐射宽广的临空经济经济区面目也愈发清晰。

北京大兴国际机场临空经济区已明确将重点发展“1+2+2”创新产业体系，即构建以生命健康为引领，以枢纽高端服务业和航空保障服务业为基础，以新一代信息技术和智能装备为储备的产业生态体系。而在临空经济区先期面向社会招商的四个重点项目中，包括国际会展中心、国际健康中心、国际购物小镇和综合保税区。

围绕临空经济区，大兴确立了“打造以人才和创新为驱动的国际化空港 4.0 标杆”的发展目标；确立了以生命健康为主导产业，枢纽高端服务和航空保障业为两大基础产业，以新一代信息技术和智能装备为补充的“1+2+2”临空产业发展体系。与此同时，在政策方面建立了“1+N”产业政策体系，出台了人才服务“兴十条”，设立了电子商务、生物医药等 5 支产业政策引导子基金。

被称作中国药谷的大兴生物医药产业基地，距离大兴国际机场临空经济区 20 余公里，这块 13.5 平方公里的土地是大兴区整合黄村民营工业区、北臧村镇工业区和念坛开发区建成的。在这里有能够被骨头“吸收”不用让患者二次手术取钢钉的人工骨修复材料，有正在孵化的可降解支架，有能凝血止血的无血手术刀……目前，大兴生物医药基地已经入驻企业 2000 余家，包括世界五百强费森尤思卡比、中华老字号同仁堂、协和医药等一批国内外龙头医药企业，以及阿迈特、华脉泰科、热景生物等一批拥有全球领先技术的高科技项目。到 2025 年，大兴将打造出千亿级医药健康产业集群。

作为北京市改革发展、京津冀协同发展的前沿，大兴区将发挥区位、空间优势，完善政策举措，探索国企收购、整体腾退、鼓励自主转型升级等多种方式，统筹推进低效产业用地“腾笼换鸟”，推动实现高质量发展，努力打造北京经济发展的“新国门”。

第四节 北京向南，是翱翔的空间

新国门视域下的城乡治理标准正在探索进行。城市治理标准的编制内

容庞杂、量大面宽、实施难度大，一旦实现标准化，将有望获得城市最佳秩序和社会效益最大化。随着新大兴城市体量和功能的不断增加，城市社会化程度越来越高，对治理规模、治理分工、技术要求、协作共治等方面提出越来越高的要求。未来的大兴，将通过制定和使用标准来保证治理要件在技术上的高度协调统一，推动京津冀协同和谐稳定运行，引导社会资源整合，维护社会公平，激活科技要素，推动开放创新，进而加速京南升级、治理进步、技术积累、创新扩散和产业优化。

经过生态治理、环境提升、发展空间打造，大兴将辐射带动北京南部和东部地区的发展，京津冀协同发展的引领示范作用日趋明显，打造首都南部发展新高地，构建绿色、和谐的大兴生态文化，统筹有序、协调规划，使新城建设和生态文明建设相得益彰。

一、新航城的强劲动力源

北京大兴国际机场建设，是北京“城南行动计划”的重要组成部分，是北京建设世界城市的重要举措之一，也是北京形成“一市多场”航空格局中的关键性步骤。

大兴新航城是京津冀城市群全球化发展的前沿区域，是中国迈向世界的新门户。该区域是京津冀创新经济融合发展的引领区，是区域一体化发展的新中心。由此，大兴新航城的战略定位是国际航空枢纽门户、环渤海区域中心。依据战略定位，大兴新航城的战略目标为国际生态智能航城典范、京津冀区域合作典范、世界城市新兴功能典范。

新机场新航城要秉承绿色、低碳航空理念，构建城市绿色产业、空间发展体系，创新智能化和生态化；统筹区域资源环境、人才技术等要素，促进高关联、高辐射产业功能导入，推进京津冀区域协调发展；依托国际门户优势，吸引国际高端人才、科技等要素集聚，建设区域对外开放的高地，提升世界城市新兴功能。

大兴区位居京津冀协同发展中部核心区，随着京津冀协同发展日益深入，大兴区将真正发挥好桥头堡的作用，进一步加强与河北廊坊等地区的交流与合作，深化大气污染联防联治和生态环境联建，着力打造京津冀协同发展的战略支点。紧抓北京新机场建设，积极发展实体经济，建设创新型产业集群和中国制造 2025 创新引领示范区，辐射带动北京南部和东部地区发展，努力打造首都南部发展新高地。

二、新国门靓出国际会客厅

速读《南苑总绘全图》首次对外公开展示、五幅南海子样式雷图档首次亮相、首批南海子文创产品“麋鹿手办”惊喜现身、全国首个南海子主题数字博物馆正式开馆……2020 年 12 月 21 日，第二届北京南海子文化论坛在中国人民大学举行。

与首届论坛相比，此次论坛特别邀请中国第一历史档案馆、国家图书馆、故宫博物院等国家级文化单位共同参与主办，为提升南海子文化品牌、厚植新国门文化内涵奠定理论基石，为倾力打造南海子成为首都新国门的国际会客厅蓄势助力。

论坛举行当日，在中国人民大学国学馆一层连廊，“京南古苑囿　国际会客厅”——2019 南海子历史文化特展同期举办。展览紧扣主题，分别从“历史变迁、生态保护、文化研究、诗文记载”等角度对南海子文化进行展示，一些高品质珍贵史料均为首次对外公开展示。其中，首次对外公开的中国第一历史档案馆珍藏的《南苑总绘全图》，完整地展现了晚清南海子的总体格局，苑墙、苑门、水系、桥座、御路、行宫等位置关系在图上清晰可见。同时，故宫博物院藏的“南海子团河行宫宝”拓印、中国国家图书馆复制的五幅南海子样式雷图档作品，均为首次在公众面前亮相。

看展之余，互动 VR 打卡环节即刻唤醒观众对南海子文化魅力的无尽想象。《南囿秋风》摇身一变成国画动图，团河行宫切换 90° 视角，从落图转为互动地面投影及 VR 体验，清代《兵技指掌图说》分解为各招式和火绳枪实物操作……灵动的历史课堂带来丰厚的南海子文化内涵。

市花扮靓晨曦（胡广文 供图）

3D 打印做的呆萌麋鹿，看着精致又可爱，不仅可以作为摆件，还可以依托鹿角成为手机支架和首饰架。作为首批南海子文创产品，“麋鹿手办”在此次论坛上正式发布并与公众见面。下一步，诸如“呆萌麋鹿”这样的南海子文创产品将正式面向市场投产并广泛销售。

为将南海子文化与文创产业深度融合，开启升级发展新模式，在本届论坛举办过程中，大兴区与故宫出版社正式签署战略合作协议。下一步，大兴区将与故宫出版社开展多层次合作，通过出版南海子相关著作、开发南海子文创产品、建设南海子文创体验馆等多种形式，塑造南海子文化品牌，丰富新国门内涵，推动大兴区文化影响力向更高层次集聚。目前正在撰写的《北京南海子简史》也将出版发行。

一键即览清代宫廷画师郎世宁笔下的《乾隆大阅图》，足不出户就可全景式领略德寿寺、旧衙门行宫、南红门行宫等古建全貌……南海子数字博物馆正式上线，让广大网友多了一个饱览南海子文化全貌的好去处。

南海子数字博物馆是全国首个以南海子为主题的文献档案汇集与共享平台，目前已收集包括明清宫廷档案、近代档案、样式雷图档、历史文献、历史图像、相关研究成果等文献档案 1 万余条。这些文献档案全部来自中

夕阳映照南海子（晓梅 供图）

国第一历史档案馆、国家图书馆、北京故宫博物院和中国台北故宫博物院等全国各大馆藏机构。

为增添南海子文化的鲜活力和创造力，此次论坛还首次走进高校，将曾经的“五朝皇家猎场，三代皇家苑囿”所孕育的文化精髓向青年群体全景式展现。

此外，在论坛现场，大兴区还正式启动《麋鹿东归》系列纪录片拍摄工作，用镜头重新复原麋鹿发展历史轨迹。

为增加南海子文化的国际影响力和传播力，此次论坛还特别邀了美国著名环境史学家、中国人民大学生态史研究中心名誉主任唐纳德·沃斯特做客，针对南海子文化的历史和现实价值、文化保护与发展定位等内容进行阐释，从国际化的视角，为“南海子文化”注入新的内涵。同时，在论坛现场，著名历史学家、《百家讲坛》主讲人阎崇年，古建筑学家、知名教授王其亨，国家级非物质文化遗产“古琴艺术”传承人王鹏被聘为新国门文化大使。

当前，大兴区正紧紧抓住北京大兴国际机场通航发展机遇，推进临空经济区和自贸区建设，依托南海子文化、永定河文化、古都文化等文化资源，打造新国门文化。随着新国门时代的开启，作为新国门文化最具历史底蕴的代表，大兴区正在着力打造“大兴新国门”，针对南海子独特的历史、文化、生态内涵和目前的发展现状，朝着打造“皇家苑囿文化金名片”迈进。同时，大兴区将逐步开展南红门行宫等遗址和遗迹的修缮和保护工作，积极推进对遗址的利用、展示和宣传工作，并发挥区位优势，将南海子作为正在开展的大兴区“十四五”时期文化旅游融合发展规划的重要内容加以布局和考虑，融入大兴、北京经济技术开发区发展整体战略，促进南海子皇家苑囿文化的统一协调发展，着力打造南海子成为传统与现代交融、自然与人文交织、物种多样性和文化多元性交响的“国际会客厅”。

三、南中轴独特的地标符号

如果把南海子比作京南大地的文化航母，那么，穿越魏善庄境内的南中轴线便是这艘“航母”滑行的笔直跑道。

2016 年 5 月 18 日至 24 日，世界月季洲际大会在魏善庄镇举办。全球月季界最高级别的月季盛会让魏善庄就此承载起着世界的瞩目。

一朵“小花”炫靓了南中轴，炫靓了魏善庄，南中轴高调地亮相为国门大道文化发展轴。它以新机场建设为契机，沿南中轴一线布局文化魅力走廊，塑造起文化、生态、高端产业相融合的国门印象。在新区“南海子文化”体系中，南中轴、泛博物馆群、文化产业基地（园区）、商业消费圈、休闲体验园等共同组成南中轴独特的区域符号标识，使南中轴文化带在区域传统文化、现代创意文化、休闲旅游文化、国际国内文化交流中统筹提升。

后月季时代的可持续表现为产业结构布局的多元化，诸多园区、基地、产业形态如斑斓的彩珠点缀在南中轴。以月季博物馆、坦博兴善苑、泓文博雅、宜德源田野苑为代表的博物馆日臻成熟；以月季主题公园、钧天坊古琴基地、中国古老月季园、纳波湾园艺区、爱情海玫瑰文化博览园为代表的主题园加速升级；久峰月季国际酒店、星明湖度假村、月季主题园内文化交流中心正在形成会展配套商圈；北京桃花园、花港观鱼生态观光园、金珠满江农业科技、绿兴农庄、绿源艺景、绿鑫蕊餐饮超市形成旅游休闲业态；新媒体产业园区、泰迪低碳乐园、特色小镇在文化创意中快速崛起。

产业结构布局提升了月季小镇中轴文化的新境界。多层次协同，扩容文化基地辐射，产业内涵正在向多方位、深层次拓展。

泛博物馆群让历史文化遗产“活”了起来。月季博物馆是国内首家以月季历史、文化、艺术、品种、栽培等综合性展示为主题的博物馆，综合性展览展示，进入魏善庄地标性建筑视域；坦博兴善苑以收藏为文化支撑，阐释“琴棋书画，花酒香茶”发展主题：南京青奥会美术作品馆、徽派民居展示区、坦博钧天百琴堂、贝叶真经、丝路文物精华展等，演绎了精彩的中国禅、茶、香等厚重的历史文化；泓文博雅文化产业基地是大兴区十大旅游景点之一，是中国唯一以“红木为纽带”的传统文化传播综合基地，基地倾力打造艺术家、企业家、收藏家研究、交流、鉴赏、收藏的艺术平台，致力于中国传统艺术品的展览展示、学术推广、资源整合，成为中国传统文化艺术研究、交流、展览、收藏的重要场所。宜德源田野文化园以古树祈福、磐石广场、御马桩长廊、上马石大道、三月亭、醒石湖等特色景致构成田野文化，秉承中华传统文化精髓，在月季花香的景色中致力于创建具有浓郁田野气息的古石刻庄园。中国古老月季园堪称目前世界上最具特色的古老月季主题文化精品博物馆，它定位于中国古老月季主题文化，将160余种珍稀古老月季品种展示在园区，向世人展示着数千年来中国古老月季及其文化的演化历程，称为“世界月季名园”中的名园实不为过。

文化产业聚集、事业产业互促成为后月季时代文化园区的靓色。

月季主题公园是2016年世界月季洲际大会开幕式和闭幕式的主会场，是中国最大的月季园之一，以“花·人·城市”为设计主题，园区分月季之路、花语人生、绚丽城市三大篇章和七彩月季园、芳香月季园等13个月季特色主题园区，它们各具特色，用不同的角度、不同的手法向大家展示月季的独到之美，以最美的风姿定格那瞬间的精彩绝伦。钧天坊由当代研琴与演奏兼善的古琴艺术家王鹏于2004年创办，曾先后被评为“国家文化产业示范基地”“国家级非物质文化遗产保护研究基地”“国家级非物质文化遗产代表性项目单位”。“钧天坊”古琴作为中国乐器的经典和国粹，将古琴与中国文化融入文人生活美学设计，实践出一条非物质文化遗产与当代生活相融合的保护与传承之路。爱情海玫瑰文化博览园始终高举科技、生态、时尚、互动体验建设理念，以爱情为主题，打造婚纱摄影、草坪婚礼、月季大道、月季科普展示、戏水木屋休闲、创意文化等多处景观的玫瑰园。

大兴区以新机场临空经济区建设为契机，利用空港优势和区域协同优势，布局特色文化主题酒店和餐饮商服配套设施，打造文化消费的生态圈。久峰月季国际酒店是2016年世界月季洲际大会指定接待的准五星商务酒店，建造设计融入了月季主题元素，古朴简约，浓缩新中式独特风格；北京国开会议中心，举办各种规模的宴会、酒会和招待会；星明湖度假村是集住宿、餐饮、会议及康体娱乐于一体的涉外四星级会议度假酒店、金叶级绿色旅游饭店，引入北京国际时尚体育公园极限运动，与国际著名极限运动营地品牌合作，融入了国际极限道具最新理念；月季主题园内的文化交流中心具备了规模性的文化宣传和会期接待，文化交流活动和可持续发展功能配套。

“文化+体验”的融合发展生态休闲模式延伸着特色景观文化，融合着乡村特色文化与产业文化，推动“文化+农业”发展、休闲度假和观光旅游。纳波湾园艺是生产和销售各类月季种苗、月季工程苗，承接月季主题公园和城乡绿化工程建设的园区，也是北京市市花——月季的出口示范基地，除了有观赏功能的月季产业园外，在北京市、河南省等地还建有生产基地，产品囊括了当今世界月季大家庭中的几乎所有精品，公司董事长王波曾先后获得多项国家级荣誉称号。北京桃花园依托现有土地及温室种植大棚，在规划中注入了文化、休闲与和睦主题，园区包括茶文化、饮食文化、国学文化、武术俱乐部、农耕文化等，把一产与三产紧密结合，创建了休闲农业，品园、品景、品文化、品健康、品美食……曾先后被评为

“2011年国家综合开发设施蔬菜”项目、“北京市休闲农业三星级园区”和“北京科普基地”。

融入健康和休闲文化理念，打造健康养生文化体验，推进“文化+健康”景观。花港观鱼生态观光园集餐饮、住宿、休闲、娱乐为一体，属于都市家庭度假休闲农业观光园。它以现代生态农业为依托，园区内充分展现“科技农业”“创意农业”“生态农业”和“休闲农业”主题，是都市家庭度假休闲的首选。

观光、体验交互推进，生态活动引入时尚元素；嘉年华奏响四季乐章，促进“文化+生态”融合。绿源艺景是现代化都市观光农业示范基地和北京市休闲农业四星级景区，整个基地分为休闲农业产业、婚庆文化创意产业、北京市中小学生社会实践大课堂实训基地项目三个版块；金珠满江现代农业科技企业创造全新农业商业模式，是第一家使用互联网众筹方式实现订单式销售的企业；绿兴农庄以果品品种的丰富特色多样化赢得休闲者的追捧。

发挥新媒体产业基地南区效能，建设线上线下相结合的大文创平台，打造智慧型文创园区，构建创新型创意创业孵化服务体系。

一批泰迪低碳小镇是主题鲜明、富有活力、设计创新、文脉彰显的特色小镇。泰迪低碳乐园是亲子家庭的休憩活动场所，以定制化的中高端“周末亲子游”为主题，包含了民宿、餐饮、泰迪移动乐园、泰迪农庄体验等特色项目，立志打造北京市乃至全国首个“泰迪主题户外营地”，通过主题、游乐、休闲及景观项目，圆游客一个童年的“泰迪梦”。

借力会展经济、赛事，复写“会展经济”发展模式。举办“花绘北京·悦跑大兴”半程马拉松、国际武术邀请赛等体育活动以及中国设计节、月季文化节、都市休闲论坛和市级文化品牌“书香北京”活动；承办国内外高水平学术会议和各种大赛，为大兴区文创产业注入活力；以国际都市休闲论坛为主旋律，吸引世界各地学者和旅游资源，带动区域经济文化联动。

四、雏形的凤河民间艺术集散地

“问我祖先在何处，山西洪洞大槐树。问我老家在哪里，大槐树下老鹳窝。”这首民谣浓缩着明清大移民的一段史话。如果我们把流经大兴区域东南部的凤河流域喻作一条飘游的玉带，那么，用山西特别是山西中南、东南部县域命名的村落就像一颗颗沉甸甸的珍珠，镶嵌在大兴凤河沿岸的两侧。这些以“营”命名的村庄，星罗棋布，层次分明，沿凤河两岸自西北向东南依次排列。这里蕴藏着源远流长的乡土记忆，以及明清时代凤河流域生发的精彩典故、文化景象与千丝万缕的民俗遗风。

凤河，曾经是北京市母亲河——永定河的古道，是辽金元明清“五朝古苑囿”“永定河潜水带”溢出的“散状型河流”。近年来，随着北京西山永定河文化带建设的“风生水起”，凤河流域文化遗产日渐勃发出生机，白庙村雅乐、再城营五音大鼓等国家级非遗项目为凤河流域增添了丰厚的文化附加值。加上凤河边际的麋鹿文化节、月季节、桑葚节等品牌再造，有力地撬动着凤河岸边生态、民俗和文旅业态的雄起。

大兴国际机场宛如一只巨大的金色凤凰凌空腾飞，凤河这只传奇般的凤凰变成了现实，“凤河传奇”也终于迎来了千载难逢的发展机遇。文化是民族的血脉，是每个人赖以生存的精神家园。永定河流域在文化、地理情缘与历史机缘上，与凤河有着共同深厚的文化背景以及精彩的文化典章、民风习俗传承。中央文史研究馆馆员、复旦大学教授葛剑雄说：“地名记录所代表的空间范围，包含丰富的历史文化、民族风俗等信息。同时也是生活在那个地方的人们的集体记忆的一部分。不只有空间的意义，还凝聚着我们的乡情。”

凤河流域的长子营、采育、青云店几个镇处于国家的京津冀经济发展带上，发展潜力巨大。从政策环境来看，有中关村“1+N”模式、亦庄开发区的“产业规划”、城南行动计划、京津冀融合、新机场后花园、生态旅游休闲等；从发展潜力要素来看，主要是南中轴路延长线文化带的可塑性问题。北京有3000年的历史和800多年的建城史，打造历史文化名片，打造当代大兴的“文化中轴”，凤河文化当是“中轴文化”的重要内涵。

有吸引力、竞争力的旅游目的地都是具有独特文化魅力的地方。凤河流域的魅力不仅在于其秀美的自然风光，还在于其意蕴深厚的历史人文，更在于其人文优势与旅游资源的紧密结合。这是提升独特魅力和韵味的核心竞争力所在。

美好生活的向往一是美，对象的审美；二是好，主体的感觉。美好，从容欣赏，慢慢享受，关键在于美的过程。好日子若没有旅游就没有“好”，美好生活，旅游打头。社会学家费孝通说：“各美其美，美人之美；美美与共，天下大同。”人们不再满足于生活上过得去，而更注重追求生活上的高品质。“上车睡觉、下车拍照”这种浅层次旅游早已成为历史。在当代旅游中，人们已不仅是欣赏好山好水好风光，也不是简单的“走马观花”“到此一游”，而是喜欢从景区走向社区，从繁华闹市走向乡野小巷，从购物场所走向文博场馆，看民俗、看历史、看文化，越来越注重文化场景的体验，越来越追求个性化、深度化、特色化的品质旅游。历史解读、民俗挖掘、艺术享受，风情小镇、乡村旅游、乡愁记忆、A 级旅游景区、旅游度假区等，凤河流域文化的底色和特色已经散发出独特的诱惑力——“新国门会客厅”“中华民间音乐集散地”“首都南大门的天然公园”“永定河的文化宠儿”等，凤河具备了无数创意的条件。依托新国门的资源独特性，突出形象、提升知名度已然成为可能。以更宏阔的视角、多元的维度，赋予和开拓“乡愁”新的时代内涵，不再局限于遥望“暧暧远人村，依依墟里烟”，更饱含人们对个体生命和民族文化的认同，对家庭和故乡的归属感。以凤河为纽带，打造明清文脉历史一条线，非大兴莫属，亦历史赋予。

凤河已不仅是河流本身的文化，而是以河流为承载，涵摄流域范围内的民风习俗、文化交流、历史掌故、传统村落、生态休闲文化等。文化是一个系统，将多元文化形态交织在一起，文化赋能，休闲、度假、艺术审美、生命家园感的寄托就上升到了精神层面的最高旅游境界，唯有如此，才能丰满地折射出凤河文化所蕴含的巨大魅力。

后 记

《生态文化》是大兴区区委主编的《新国门·文化大兴》系列丛书之一。全书共计8章、15万字，附图片数十幅。编写中所涉及材料，上溯明清或更远，下迄2020年底，收集素材120万字，照片500余幅，其内容基本涵盖了大兴区生态文化的历史面貌，特别是展现大兴撤县改区后，历届区委、区政府高度重视生态文化建设，扎实贯彻落实党的十九大报告提出的“建设生态文明是中华民族永续发展的千年大计”。积极响应生态文明发展诉求，构建京津冀协同发展的生态环境保护和社会发展示范区。

进入新的发展时期，大兴区在生态农业、生态林业、生态旅游、生态工业与清洁生产、环境保护、大兴新城建设和资源保护与利用等方面焕发生机，生态文化枝繁叶茂、落地开花。作为首都南部重要的生态屏障，大兴区生态建设承载着通往新机场的主要通道、西山永定河文化带的重要节点以及承担全国生态示范区等多重责任。随着大兴机场通航，全新的生态理念和生态文化架构在大兴孕育而出。“穿过森林到机场”为新国门赋予了充分的生态自信，风生水起的生态革命正席卷城南大地。

2017年9月，《北京城市总体规划（2016年—2035年）》正式发布，水清岸绿、碧水蓝天、和谐宜居已成为大兴区在未来发展中的重要努力方向。2020年，习近平总书记再次来到大兴区参加义务植树活动指出：牢固树立绿水青山就是金山银山的理念，努力打造青山常在、绿水长流、空气常新的美丽中国。这些都为大兴区生态文化建设指明了坚定的方向。

参加本书资料收集、照片筛选、起草撰写、校订团队的成员都是学养深厚的专家学者、资深的新闻工作者。北京联合大学阮海云副教授对整个课题进行了统筹把关，大兴区文化遗产保护协会会长卫东海博士及刘彩宏老师指导、策划了全书的结构框架。参加本书撰写的有：张德玉、王海晋、高雪、冯子潭、张冉阳、任文慧。课题经过 3 年的打磨，今天终于成稿了，感谢大兴区各级各部门提供的极为宝贵的资料，尤其对本书的指导专家、北京农科院刘合光教授严谨的治学态度、深厚的理论功底、务实的敬业精神表示由衷的感谢。

本书历经三次大调整、大修改，诸位同仁不厌其烦，以极其负责的态度和严谨的学术取向，不辞辛苦、齐心协力，兢兢业业完成课题撰写任务。但由于内容繁多、资料浩瀚、时间急迫、篇幅限制，疏漏舛错在所难免，敬请读者指正。

本书课题组

2021 年 3 月